U0166754

饌

黑洞中的魔鬼

宇宙之宿命

〔德〕乌尔里希·沃尔特　著

李洁　水婷　译

SPM
南方传媒　广东人民出版社
·广州·

图书在版编目（CIP）数据

黑洞中的魔鬼 /（德）乌尔里希·沃尔特著；李洁，水婷译. —广州：广东人民出版社，2024.6

ISBN 978-7-218-17369-6

Ⅰ . ①黑… Ⅱ . ①乌… ②李… ③水… Ⅲ . ①外太空—普及读物 Ⅳ . ①V11-49

中国国家版本馆CIP数据核字（2024）第039211号

版权登记号 19-2023-312

First published in German Language under the title: Im Schwarzen Loch ist der Teufel los-Astronaut Ulrich Walter erklärt das Weltall by Ulrich Walter, ©2016 by Komplett Media Verlag GbmH, Munich.Germany. All rights reserved. www.komplett-media.de

Translated into Simplified Chinese Language through mediation of Maria Pinto-Peuckmann, Literary Agency, World Copyright Promotion, Kaufering, Germany.
本书简体中文版专有版权经由中华版权代理有限公司授予北京创美时代国际文化传播有限公司。

HEIDONG ZHONG DE MOGUI
黑洞中的魔鬼

［德］乌尔里希·沃尔特 著 李洁 水婷 译

版权所有 翻印必究

出 版 人：肖风华

责任编辑：吴福顺
助理编辑：周嘉华
责任技编：吴彦斌 马 健

出版发行：广东人民出版社
地　　址：广州市越秀区大沙头四马路10号（邮政编码：510199）
电　　话：（020）85716809（总编室）
传　　真：（020）83289585
网　　址：http://www.gdpph.com
印　　刷：天津丰富彩艺印刷有限公司
开　　本：787毫米×1092毫米　 1/32
印　　张：9　　字　数：150千
版　　次：2024年6月第1版
印　　次：2024年6月第1次印刷
定　　价：45.00元

如发现印装质量问题，影响阅读，请与出版社（020-85716849）联系调换。
售书热线：（010）59799930-601

目录
contents

前言

宇宙像是地狱，相比之下，地球更像是一座幸福的岛屿。在太阳内部，氢原子在 4000 万摄氏度条件下发生聚变；而在更大的恒星内部，超新星爆炸时中心温度最高可达 100 亿摄氏度——这是真正的地狱。在这一高温条件下，恒星只有凭借自身巨大的引力维系平衡方能避免坍塌解体的命运。

然而，在堪比地狱的宇宙中最邪恶的地方当数黑洞。"黑洞"不但名字听起来令人毛骨悚然，而且在黑洞里发生的事亦远超过我们的想象。为方便理解，我将在本书中把那些晦涩难懂的事物与我们熟知的事物进行比较。但现实比这要复杂得多。

以爱因斯坦的相对论为例（参见本书"爱因斯坦三部曲"三篇文章），借助该理论我们首次以数学方式还原在黑洞之外发生的事。其中包括，人们感觉时间在每个人之间的流逝速度是一致的，但其实时间会由于每个人的速度或当下所处引力场强度不同而被拉伸或压缩。空间亦如此。尤其在黑洞附近，空间和时间被极度扭曲。我们无法想象，因为我们自己就是这个空间的一部分并随之变形。要理解这一点，我们可以试着想象：一个平面人生活在一个星球表面内（而不是其上！），该星球表面是弯曲的，平面人又是星球表面的一部分，所以他也是弯曲的，但他自己没有意识到这一点，只有局外人才能察觉到他的弯曲。

黑洞，和针尖一般大小！

空间的无限弯曲，会引发一些惊人现象。太阳的体积是地球的 140 万倍。如果把地球看作一颗豌豆，那么太阳的直径大约有 1 米。在这一情境下，再把 400 万个太阳想象成一个大质量球体，此时它的直径可达 160 米。但实际上，该球体的直径长达 1 亿千米！位于银河系中心的黑洞的质量正好是太阳的 400 万倍。但是黑洞周围的空间被无限压缩，因此并未形成一个直径为 1 亿千米、质量为太阳 400 倍的星球，而是压缩为针尖大小的一个点。质量是太阳数十亿倍的黑洞居然只有针尖那么小！这难道不可怕吗？直到最近几十年，我们终于通过（更）小规模的实验基本上确认空间和时间是会收缩的，这才验证了这一惊人的事实。换言之，爱因斯坦是对的。

航天飞机接近黑洞时的创意图，在此人们仅能看到事件视界，即黑色球体的表面。（图片来源：美国国家航空航天局／乌尔里希·沃尔特）

魔鬼般的探索之旅

同样可怕的是，作为宇航员乘坐宇宙飞船前往黑洞。但这也许与人们想象的有所不同。人们在黑洞中会看到些什么呢？让我们假设，它是我们银河系中的黑洞。从很远的地方我们就会看到一个直径约为太阳 17 倍大小的黑色球体。该球体不是黑洞本身，而是它的表面，即所谓的事件视界，它遮住了黑洞中心点。这个黑色的球体是什么？在其内部又发生了什么？我们马上就会看到。

此外，我们还会看到一个星环中的发光物质在很远的地方绕着黑洞旋转并慢慢地接近这个洞。这种物质，即被撕裂的恒星残骸，越靠近洞，就会越明亮。大恒星在很远的地方就会被撕裂，像地球这样的小天体则在较远的未来才会被撕裂。现在一切都还好。

如果我们进入距离事件视界 2400 万千米的轨道（大约是水星和太阳之间距离的一半），那我们就要非常小心了。因为这个距离是我们拥有一个稳定轨道的上限。在这个距离内，我们以自由落体方式绕着黑洞飞行，无须任何操作。但是我们其实几乎是以光速飞行，平均每 12.5 分钟就会绕着黑洞飞行一圈。

进入黑洞的地狱之旅

如果我们进一步接近这个洞，我们将踏上一段不可逆转的地狱之旅。首先我们的轨道会变得极不稳定，这意味着我们必须不断发动引擎来维持轨道的平稳运行。如果我们不这样做且已到达距离事件视界 600 万千米的地方，那么即使是最好的驱动器也将没有任何用处，我们将不可避免地掉入黑洞。在这个距离上，即使光都不能直线飞过黑洞，而是会绕着黑洞旋转，约每 6.5 分钟绕行黑洞一圈。但是，仍然有光可从黑洞中逃逸。当我们抵达事件视界时，这一切也都结束了。我们连同围绕黑洞旋转的一切，包括光，不管它最初是如何飞行的，都将掉入黑洞，并且再也不会被看到。这就是为什么黑洞周围的黑色球体看起来是黑色的。如果连光都无法逃离这个球体，那么就不会有光从黑洞中射向观察者的眼睛，于是该区域看起来一片漆黑。

然而，我们注意不到自己已身处黑色球体之内，因为新的光线不断落在我们的头顶和身侧，照亮了我们的四周。随后一切都将发生得极快，仅在几分之一秒内，航天飞机被潮汐力撕裂，由于飞行方向上重力增加，我们的身体会被撕碎。最后，碎片溶解成单个原子，随之又被分解成单个基本粒子并聚集在黑洞中心，400 万倍的太阳质量被储存在其中并持续增长。再之后的事，我们便无从得知了。

黑洞永不满足，随着时间的推移，它们会变得越来越重，直到最终它们吸光宇宙中的所有物质。只不过，要到那时，还需要很久、很久，约达数十亿年。在那之前，让我们先来看看宇宙中的其他奥秘。

请您与我一起开启一场宇宙探索之旅吧！

乌尔里希·沃尔特   D-2 宇航员

太空在摇滚！

2015 年 9 月，来自全球各个国家的百余名宇航员相聚斯德哥尔摩。他们在访问瑞典各学校时激励了成千上万的学生——而这些学生又激励了我们。

如今这已成为一项悠久的传统。宇航员们每年相聚在世界上的某个地方，不仅是为了再次相见，还为了讨论重要的太空问题并与年轻人会面。

宇航员不同于太空旅行者

太空探索者协会（Association of Space Explorers，简称 ASE）是一个非常独特的俱乐部组织，即全球所有执行过载人航天飞行任务的宇航员协会。但不是所有进入过太空的人，即太空旅行者，都可以成为该协会会员，ASE 对会员资格尤为挑剔。事实上，ASE 对谁是宇航员做出了唯一的定义，这里的每一个字都极其重要："宇航员是指乘坐航天器至少完成绕地一周的人员。"

不过，其中也有些只在亚轨道飞行的太空游客，即用飞船把游客送到地面 100 千米以上的太空边缘（国际认可论坛 IAF 规定距离地球表面 100 千米以上就是太空领域），随后马上俯冲返回地面。虽说这些太空旅行者已经进入太空，英国维珍银河等以 25 万美元价格售卖此类太空旅游服务的公司还授予他们航天荣誉认证，但他们依然不算是进入亚轨道飞行的宇航员。他们甚至还从美国那里获得了"宇航员之翼"徽章，因为按照美国的传统，任何超过 50 海里高度（约 80 千米）的飞行人员都会获得这样的徽章。

太空公司是如何赚钱的？

然而，如按照国际标准，这一徽章毫无价值（参见"谁拥有月球？"一节），就像你可以从美国人丹尼斯·霍普（Dennis Hope）那里购买月球上的土地并获得土地证书一样。根据美国法律，这并没有问题。但是根据国际共识，即《外空条约》（*Outer Space Treaty*）①，地球以外的领土主张都是无效的。

---

① 全名为《关于各国探索和利用外层空间包括月球与其他天体活动所应遵循原则的条约》（亦简称《外空条约》）规定了从事航天活动所应遵守的 10 条基本原则，其中第 3 条为"不得据为己有原则：不得通过提出主权要求，使用、占领或以其他任何方式把外层空间据为己有"。——译者注

　　我收到过那些购买此类太空旅游的太空游客发来的愤怒邮件，他们作为太空游客进入了太空几分钟并获得了"宇航员之翼"徽章作为回报，但是他们仍然不算宇航员，不被太空探索者协会所认可接纳。可见，太空探索者协会的要求确实非常严格。

成为一名游客宇航员的成本

　　当然，也有太空游客去过国际空间站并进行了多次绕地飞行，他们也因此成了太空探索者协会会员。2015 年就有两位太空游客，美丽的阿努什·安萨里（Anoushi Ansari）和富有的理查德·加里奥特（Richard Garrioto），成为协会会员。值得一提的是，理查德·加里奥特正是著名的阿波罗宇航员欧文·加里奥特的儿子。欧文·加里奥特还一直出席太空探索者协会的所有会议。加里奥特一家总是以两对夫妻组成四人组出席太空探索者协会会议。此外，金钱对于国际空间站的游客来说也很重要，因为目前飞往那里要花费 4500 万美元。能用零花钱就可购买太空飞行的人是让人羡慕的。然而，成为一名专业的宇航员并且不用为太空飞行支付任何费用也是不错的。

　　太空探索者协会的传统是在执行过载人航天飞行任务的

宇航员所在国家举办会议。2015 年，太空探索者协会宇航员
克里斯特·富格莱桑（Christer Fuglesang）应邀前往瑞典。
我们于 9 月 20 日在斯德哥尔摩大酒店相聚，会议持续了四天，
其间我们包下了整个第六层楼。会议日程包括参观瑞典皇家
理工学院，我们在那里和学生们就与太空相关的诸多课题展
开讨论；在酒店对面的城堡中，卡尔·古斯塔夫国王及其女
儿维多利亚公主接见了我们并与我们握手致意；此外我们还
完成了年度任务中最重要的部分——社区日。

社区日！

在社区日当天，所有宇航员都乘坐汽车或飞机前往参观
学校并激励那里的学童，有时甚至去到该国最遥远的地方。
那一年我不用走得太远，我穿着我的飞行服——这可是探望孩
子们的必备品，前往斯德哥尔摩市中心北部边缘的德语国际
学校。这座学校拥有 400 多年的历史，是世界上最古老的德
语国际学校之一，学校规模很大，约有 600 名学生。在礼堂里，
12 ～ 16 岁的学生们兴奋地等待着我们的到来。一段视频拉开
了本次活动的序幕，该视频展示了国际空间站在夜间飞越地
球时俯拍到的城市灯火通明、北极光神奇地划过天空的景象。

接下来则是介绍一些关于太空的科普知识，例如："太空中，平底锅里的水会沸腾吗？"（答案：否）或者"蜡烛在零重力下会燃烧吗？"（答案：是，但是完全不同）并随之展示了相关实验的照片，连我都觉得每张照片都格外震撼。

韦克舍

周四那天我们向南行驶到韦克舍小镇。在那里，还有另一个社区日活动将在周五举行。我和同事汤姆·亨里克斯（Tom Henricks）去了位于蒂姆斯福什的一所小学。大约来了80个孩子，他们欢呼雀跃、激动不已。家长们在前院用水泥固定了一个大约4米高的不锈钢火箭，我们在上面签名留念。在火箭旁的一块小草坪上，我们还种下了一棵苹果树，这让孩子们欢声叫好。为此，汤姆和我回敬以经典的照片：人们是怎么在太空中上厕所的？怎么吃东西？怎么洗头发？怎么在失重的太空中睡觉？

完美收官

据说，孩子们要在周五学校课堂上用简短的句子来总结自己周四活动的心得体会，以便在周日的欢送会上向我们展示。我真的很开心能读到他们的真情随笔。其中，一个金发小男孩写道："那是我一生中最美好的一天！"九岁的南希则简洁地写道："太空在摇滚！"

宇宙是如何
从无到有的？

宇宙大爆炸——
在此之前发生了什么？

我们的宇宙始于大爆炸之时，还是在这之前就已经存在些什么？

这个问题是目前宇宙学中最有趣的问题之一。虽然听起来有些奇怪，但是在大爆炸之前是否存在些什么，取决于宇宙学家们的信仰！

问题是什么？

我们一个一个地说。宇宙学家，是正式研究我们宇宙的起源和发展的科学家。我们今天可以完全确定的一件事情是：我们的宇宙诞生于 137.8 亿～138.2 亿年前。很可能最开始一切都发生在一个极小的点上。这正是问题所在。首先是关于理解的问题。一个经常被提及的问题是："宇宙中的这个点在哪里？"这个问题本身就是一个逻辑谬误，因为大爆炸不是发生在空间中的一个点上，而是在我们的三维宇宙之内，只不过空间本身已被压缩成一个点。紧随其后的下一个问题则是："这个小点的周围是什么？我们的宇宙又被嵌到哪里去了？"答案是：无处可去。仅仅因为我们只能在更大的空间范围中设想某物，并不意味着它必须是那样的。从数学上讲，这很简单：三维立体的、高度弯曲的、紧凑的、点状的宇宙就在那里。

点是什么？

现在我们来谈谈另一个问题。被压缩的点最初有多大？这正是科学家们产生意见分歧之处。直到几年前，主流的观点还是，它实际上是一个数学点，即所谓的零维奇点。其根据是爱因斯坦广义相对论的方程。这些方程可靠地描述了宇宙的一切，尤其是在大质量密度下发生的一切。将其应用到宇宙中去，可以得到一个随时间膨胀的宇宙。如果追溯其源头，它始于138亿年前的一个奇点。尽管爱因斯坦的广义相对论迄今为止已多次获得确证，其正确性毋庸置疑，但它仍有一个最近才被发现且众所周知的问题：广义相对论是宏观世界的经典场论，也就是说，它通过场（电场）来描述物体间的相互作用，例如电荷间的相互作用。而在微观世界中，即在基本粒子层面上，则符合量子力学适用条件，这就需要量子场论。我们迄今已知四种相互作用力和一个例外，即量子引力。而这正是描述宇宙大爆炸时所需要的理论。虽然初步的量子场论或是包含量子引力，例如10+1维弦理论（10个空间维度，1个时间维度）或是包含圈量子引力理论，但我们尚不知道这些量子场论是否正确。不过所有量子场论都有一个共同点，那就是最小单位都是量子。量子作为一种被扩展的物质——在弦理论中被看作一种普朗克长度为10^{-32}厘米的弦，非常小——但不是奇点。

在大爆炸之前究竟发生了什么？

这正是造成科学家们意见分歧的关键之处。如果大爆炸不是发生在一个点内，而是在一个很小的空间区域发生，那么在向后计算时，宇宙的基本属性——比如弦空间维数是10——就会保留在这个空间区域内。原则上，我们也可以用同样的方式来计算更早的时间，即大爆炸之前。但是如果只有一个维数为零的奇点，我们就不能这样做了，因为无结构的点的信息量只有1位（Bit）——要么存在，要么不存在。我们无法从中读取出在此之前是否存在以及存在过什么。这正是奇点的问题。因此，虽然古典宇宙学家一直声称世界是随着大爆炸而形成的，并且在这之前没有任何东西存在，但是量子场宇宙学家声称在大爆炸之前可能存在些什么，只是还不能确定究竟是什么。因为一个量子容纳不下比宇宙基本结构更多的信息。即使在现在的宇宙之前存在过另一个宇宙，遵循与我们相同的物理定律，我们也永远不会知道它当时有多大，以及那里是否存在过类地行星，甚至文明。更何况，我们永远都无法与它们取得联系。

从永远到永远

但是，知道这一点仍然非常重要。虽然广义相对论指出，空间和时间都是大爆炸的杰作（这也是为什么在相对论中询问大爆炸之前存在什么是没有意义的），但是量子宇宙学家对此持有不同的看法。时间作为一个描述性变量得以完整保留并且可以通过大爆炸向后延长，因此与其说"我们的宇宙始于138亿年前，并且一直在膨胀"，还不如说曾经存在过一个塌缩了的永恒宇宙，它在 138 亿年前的一次爆炸中，膨胀为一个新的宇宙，即现在的宇宙。新宇宙将继续膨胀到所有的永恒，也因此永远不会再塌缩。

　　阿门！

宇宙大爆炸——
在它之后发生了什么？

宇宙大爆炸之后发生了什么？什么是暴胀阶段？

对我们的宇宙来说具有决定性意义的事件发生在大爆炸之后的 0.00000000000000000000000000000001 秒，即 10^{-32} 秒之内。接下来，我们将要看看在这极短的时间内发生了什么。虽然到目前为止我们只能对这一时期做出间接的陈述，但是我们现在已经可以将其计算出来。这方面最轰动的文章发表于 2013 年 [1]。这一时期的决定性事件是从 10^{-35} 秒到 10^{-32} 秒之间的暴胀阶段。人们由此区分了前暴胀阶段，0 秒到 10^{-35} 秒，暴胀阶段和后暴胀阶段，10^{-32} 秒至今。

---

[1]　文章参阅：http://bit.ly/2c3YlUX。

前暴胀阶段：大爆炸至 10^{-44} 秒

我们如今还说不出从 0 秒到 10^{-44} 秒之间究竟发生了什么。但 10^{-44} 秒就是所谓的普朗克时间。随着普朗克时间（或普朗克单位）的出现，我们目前已知的物理定律失去效力。而我们对此的了解也仅限于宇宙可以小到受量子引力定律的制约，除此之外再无其他。在这一阶段，时间和空间还不像今天这样泾渭分明，而是形成了一种时空泡沫。当时还不存在今天所说的四种单独的力（引力、电磁力、弱力和强力），而是只有一种统一的力。我们可以将这种统一的力想象成水蒸气。随着宇宙的冷却，首先凝结出液态水（引力），随着它的进一步冷却，冰（其他力之一）也被凝结了出来。

前暴胀阶段：10^{-44} 秒至 10^{-35} 秒

在大爆炸后 10^{-44} 秒，宇宙的直径大约只有 10^{-26} 米。此时，引力开始以独立的力的形式出现，而其他三种力则可能仍然混在一起，形成了所谓的大统一理论（Grand Unified Theory，简称 GUT）。当下科学家们正致力于发展该理论。大统一理论中的量子粒子就是当时已存在的传导夸克和轻子之间相互作用的粒子，譬如我们今天电磁力的光子，也被称为 X 粒子。我们可以将那个时代的宇宙想象成一碗极度浓稠的夸克和轻子汤，它们通过 X 粒子和引力相互作用，甚至相互转化。在这一阶段，所有这些粒子都没有质量，空间迅速膨胀，但也不会膨胀得那样快。

暴胀阶段：10^{-35} 秒至 10^{-32} 秒

在大爆炸后 10^{-35} 秒发生了两件事：伴随着宇宙的扩张和冷却，强力作为另一种独立的作用力开始出现，并作用于核粒子之间。强力可用现在已知的量子色动力学（Quanten Chromodynamik，简称 QCD）中传递力的基本粒子 W 及 Z 玻色子进行描述。电弱力仍未出现。然而，更重要的是暴胀也开始于 10^{-35} 秒。

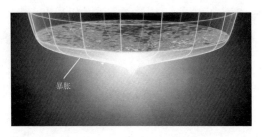

宇宙大爆炸之后的暴胀阶段。横向是空间领域，时间则自下而上流逝。（图片来源：美国国家航空航天局 / 乌尔里希·沃尔特）

暴胀

首先需要说明的是：人们现在还不确定，宇宙的这种暴胀是否真的发生过。但是它以一种惊人的简单方式解释了我们宇宙的许多重要特征，这也是大多数宇宙学家相信它的原因。也有一些知名的宇宙学家对此提出异议，例如保罗·斯泰恩哈特（Paul Steinhardt）就提出了"火宇宙模型"，反驳了暴胀理论。

宇宙暴胀是宇宙极其强烈且短暂的膨胀，其结果是宇宙在三个维度中的每一个维度都至少膨胀了 50 个数量级。它的原因是什么？驱动因素是空间失衡。这意味着什么？我们可以这样设想：在前暴胀阶段的第二个时期，膨胀进展得相对缓慢，空间本身，即真空，经历了基本状态的提升，从而形成了假真空。这意味着真空必须改变其内部结构才能成为如今的真真空。在由假真空变为真真空的过程中，升高的基态能量会被降低，巨大的能量被抽入空间。这些能量若转化为质量可达每立方厘米 10^{74} 公斤！

这一暴胀转型造成了两个后果。首先，随着真空结构的转变，产生了希格斯场。希格斯场是 2012 年通过希格斯粒子间接探测到的。[1] 希格斯场因其巨大的能量增益赋予了当时存在的所有粒子以质量。此外，这种结构变化还导致了宇宙大膨胀。粒子以远超光速的速度彼此远离。但是，爱因斯坦的相对论禁止超光速运动，这怎么可能？答案是：不是粒子在空间中相互分离，而是在空间中静止的粒子随之膨胀。因此空间中粒子的固有速度为零。我们可以这样设想：在平坦的橡胶膜上画有许多小点。每个点都是当时暴胀前宇宙中的一个粒子。如果我们现在用火焰从下方加热橡胶膜，那么这个膜（空间）会膨胀（暴胀），橡胶膜上的点则会在自身不发生移动的情况下彼此远离。对于这种超光速的扩散，爱因斯坦无可辩驳。

实际上，在暴胀阶段之后，宇宙就已经具有了如今的规模。从那时起，宇宙再次较为缓慢地膨胀——只有太空本身在膨胀，而不是太空中的恒星和星系——同时保持其目前已知的形状。

---

[1] 2012 年，欧洲核子研究中心（CERN）宣布发现了希格斯玻色子，也就是所谓的"上帝粒子"。——译者注

发现大爆炸的回声——
耸人听闻的发现还是无事生非?

2014 年 3 月初，媒体铺天盖地报道：
科学家通过引力波证明了宇宙大爆炸？他们究竟发现了什么？

N24 电视频道是最早将此消息公之于众的新闻服务机构之一：显然科学家们发现了大爆炸的回声——一种自我们时代起就存在的神秘迹象[1]。这篇新闻基于哈佛大学的公告[2]，而公告又是基于物理专家组的一篇专业论文[3]。那么，这一发现有何新意？

---

[1] N24："一种自我们时代起就存在的神秘迹象"，http://bit.ly/2cgfK03。

[2] 天体物理学中心："宇宙暴胀的第一个直接证据"，http://bit.ly/1vorDAp。

[3] 《物理评论快报》：《基于 BICEP2 探测到 B 模偏振》，http://bit.ly/2bw6LZ4。

宇宙背景辐射

　　大约 15 年来，科学家们一直在以越来越精确的方式研究所谓的宇宙背景辐射。宇宙背景辐射照亮了整个宇宙，它无处不在。但它也非常微弱，我们看不见它，因为辐射的波长对我们的眼睛来说太大了。但是有些望远镜是可以看到宇宙背景辐射的，例如普朗克太空望远镜就可以精确测量所有空间方向上的辐射波长。这些宇宙背景辐射的波长略有不同，如果我们用不同的颜色来绘制它们并以扭曲的二维方式将其呈现出来，就像在地图集中描绘的地球表面那样，结果即如下图所示：

呈现在摩尔威德投影中的天球中宇宙背景辐射的温度分布普朗克数据。
（图片来源：欧洲空间局）

这种蓝橙色的噪音在黑白印刷物中呈现的效果不太好，人们几乎看不清它的结构，宇宙学家们也无法从中收集到关于我们宇宙的大量信息。从中可以认出的是，宇宙并不全都像二维地球表面那样向内弯曲并且封闭，而是在可测量的精度范围内绝对平坦。

但是，一个平坦的宇宙就像一个绝对平坦的平面一样，必然无限延伸。因此，在我们的观测精度范围内，宇宙是无限大的。但是，上页图中的噪音也显示出宇宙已有 138 亿年的历史。它不是无限古老的！这是表明大爆炸假说正确的重要标志之一。

偏振背景辐射

此外，新的发现也表明大爆炸假说是对的。如果我们在某个空间方向上查看相关色点的波，这些波有时多，有时少。偏振波在特定方向上振荡，垂直于观察方向。科学家们使用 BICEP2[①] 望远镜探测到的数据将这个振动方向绘制到噪声色点中，得到了下页图：

---

① BICEP 是"宇宙泛星系偏振背景成像"的英文缩写。——译者注

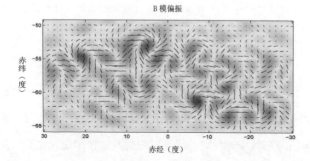

由 BICEP2 望远镜测量的部分普朗克数据（颜色数据）与偏振辐射（黑线）。
（图片来源：与 BICEP2 的合作）①

这和宇宙大爆炸有什么关系？

现在我们来到了最精彩的地方：科学家们已经证明，这种结构正是所谓的无梯度 B 模式 ②。该模式起源于大爆炸后的前 40 万年间产生背景辐射时所存在的强引力波。引力波是我们宇宙中时空的振动。就像是轻触水面会引发水波，我们宇宙中强烈的质量转移也会触发引力波。激光干涉空间天线（Laser Interferometer Space Antenna，简称 LISA）旨在准确探测这些引力波。但是因为在大爆炸之后的前 40 万年间

---

① 彩图详见：http://bit.ly/OwOmwv。
② 宇宙微波背景辐射的偏振模式有两种，即 E 模式和 B 模式。——译者注

并没有像太阳、行星、黑洞或其他任何这样的质量团块存在，所以引力波只能产生于大爆炸生成所有质量之时。

科学家论证道：大爆炸产生了极强的引力波，甚至在40万年之后，这些引力波还是在背景辐射上留下了 B 模式极化印记，直到今天我们仍然可以观察到这种印记。他们将此称为大爆炸的回声。虽然只是间接的，但确实极好地证明了大爆炸的存在。

补遗

2014 年 9 月，一个加拿大研究小组发现，测得的极化也可以通过背景辐射必须穿过的环状尘埃结构来解释。虽然这并没有反驳大爆炸回声理论，但是一种更为简单的解释。根据奥卡姆剃刀定律①，它也很可能是正确的。

---

① 该原理称"如无必要，勿增实体"，即"简单有效原理"。——译者注

我们宇宙的简史

在 138.2 秒之内讲述我们宇宙 138 亿年的发展史。

在大爆炸后 0.0000000000000000000000000000000001 秒结束的暴胀是迄今为止我们宇宙历史上最为重大的事件。关于暴胀，我已做了详细的说明。在暴胀之后，宇宙演变成了我们今天所知的样子。接下来，我们将仔细观察暴胀"之后"所发生的事情。

现有基本粒子产生于：10^{-12} 秒至 5 秒

大爆炸后 10^{-12} 秒，宇宙从初始温度 10^{32}℃ 冷却到只有 10^{15}℃，即 1000 万亿摄氏度。冷到足以从电弱力中产生出现有的电磁力和弱力以及相应的传力粒子，即光子以及 W 和 Z 玻色子。

大爆炸后 10^{-6} 秒，宇宙冷却到 10^{13}℃，形成了强子，即由夸克组成的核心粒子。其中一部分是具有 3 个夸克的粒子

（＝重子＝质子、中子等，以及它们的反粒子），另一部分则是具有2个夸克的粒子（＝介子＝π介子、K介子等，以及它们的反粒子）。然而唯一稳定的质子和反质子立即相互湮灭，几乎完全变成了光子，只剩下少量物质，这些物质如今以我们现有的物质形式（质子、中子）存在。这种湮灭还导致现有的光子和重子数量比达到18亿比1，这意味着平均每立方厘米的宇宙中就有410个光子。

　　大爆炸后10^{-1}秒，或者在10^{11}℃（即1000亿摄氏度温度）下，中微子与其他粒子解耦。在大爆炸后5秒（即60亿摄氏度），带正电的电子几乎完全湮灭，即正电子从此刻起不复存在。剩下的少数电子形成了全部现有的原子的壳。

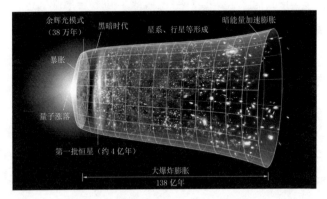

从大爆炸（量子涨落）到暴胀和重组阶段（余辉光模式），再到4亿年后第一批恒星，最后直到今天（圆柱体末端）。（图片来源：美国国家航空航天局）

最初的元素：5 秒至重组

　　大爆炸后 100 秒，或者在 10 亿摄氏度时，质子和中子合并形成了轻元素（^{3}He、^{4}He 以及一些氘和锂）最初的原子核。但是，相关电子仍然没有受到束缚，与原子核一起形成了极热的等离子体。

　　然后很长的一段时间里都没有什么特别的事情发生。直到 10 万年后，宇宙才冷却到 30000℃，物质粒子的数量超过了辐射粒子（即光子）的数量——直到那时，情况还与我们现在的正好相反。由于这种逆转，此后宇宙的膨胀有所加速。

　　38 万年后，一件非常重要的事情发生了：宇宙只有 3000℃。在这样的温度下，先前嗡嗡作响的自由电子与原子核结合，形成中性原子。虽然等离子体是光子无法穿透的，但中性气体对光子来说是透明的。于是宇宙对光子变得透明，这意味着光子现在可以自由扩散了。正是这些第一批光子，我们今天仍将其视为宇宙背景辐射，近年来为我们提供了有关宇宙结构和年龄的重要信息。这个被称为重组的阶段结束了宇宙的等离子体阶段。

星系、恒星和行星：迄今为止的重组

4 亿年后，宇宙由于不断膨胀已经冷却到 -250℃。在这样的低温下，分布在各处的氢云和氦云的气压下降了很多，以至于它们开始坍缩，从而形成了第一批恒星和星系。因为最大的云首先坍缩，所以形成了巨大的恒星。通过核聚变，这些恒星又孵化出第一批重元素，包括铁元素。在最后一颗巨大的不稳定超新星中，甚至形成了比铀更重的元素。除了所谓的星尘之外，第一批超级恒星什么都没有留下，因为它们在这颗特殊的超新星中被彻底撕裂了。

星尘与周围的氢云和氦云相互混合。与超新星爆炸相关的压力波也导致较小的云开始坍缩。然而，由于这些云现在还包含星尘中较重的元素，所以在这些新恒星系统中第一次形成了固体类地行星，即类地行星。

大爆炸后 92.3 亿年（即距今 45.7 亿年前），我们的太阳系和地球应运而生。仅仅在 9 亿年后，即大约 37 亿年前，就已经存在第一个单细胞生物生命体了。根据生物进化理论，人属出现在大约 300 万年前，大约在 20 万年前进化为智人物种，大约在 4 万年前进化为现代人类的亚种智人。在一个以 24 小时显示我们宇宙发展的时钟上，我们作为智人只存在于最后一秒。

爱因斯坦的

理论及其证据

简说爱因斯坦的广义相对论

任何想要真正了解宇宙的人都无法绕开爱因斯坦的广义相对论。别担心，我保证每个人都能理解基础知识。

爱因斯坦的非凡成就在于，他不是发展出了一个，而是同时发展出了两个伟大的理论，即狭义相对论（Spezielle Relativitätstheorie，简称 SRT）和广义相对论（Allgemeine Relativitätstheorie，简称 ART）。虽然它们的标题可能表明广义相对论只是狭义相对论的推广，但是这两个理论几乎毫无关联。爱因斯坦的狭义相对论描述了当物体以接近光速的速度移动时，感知的空间、时间和许多其他物理属性，例如能量，是如何变化的。许多人都不愿相信有时间差存在，因为它是如此违反直觉。对于我们来说，只有一个共同的时间，那就是钟表上的时间。我将在后面的"爱因斯坦三部曲"中解释爱因斯坦的狭义相对论和时间悖论。

什么是广义相对论?

爱因斯坦的广义相对论是完全不同的东西。它不是因运动引发的对时间和空间的主观感知，而是在质量影响下时间和空间发生的客观变化。这也是问题的症结所在。广义相对论的关键是爱因斯坦场方程，它准确地描述了质量的这种影响。如果您了解编写该方程的数学，那么它们将是一场视觉盛宴，是物理学所能提供的最美丽的东西。但我还是不在这里展示这些方程了，因为它们背后的数学，即微分几何学，是数学中最困难的东西。相反，我会告诉您，它们原则上都说了什么。

空间是可以弯曲的

广义相对论的关键在于假设空间——任何空间，尤其是我们生活的三维空间，是可以被弯曲的。但是当爱因斯坦说"空间"时，他指的是时空，因为两者总是紧密相连。他已经用狭义相对论证明了这一点。此外：空间就是空间，时间就是时间。许多人认为，爱因斯坦表明了时间是一种伪装的空间维度。但这不可能！爱因斯坦只是欣然接受了赫尔曼·闵可夫斯基（Hermann Minkowski）的数学，闵可夫斯基展示了如何以类似的方式用数学优雅地描述空间和时间，就好像时空是一体成型的。但这并不能改变空间和时间的性质截然不同的事实。

因此，空间和时间是可以弯曲的。当空间和时间不再是具体事物时，这意味着什么？这意味着时空有一个内部弯曲的结构，并且处在时空中的物体会随着这个结构发生弯曲。但是我们人类无法注意到时空中的身体弯曲，因为如果折尺和我们周围的一切都同样弯曲，我们要如何测量身体的曲率呢？

如何捕捉空间的弯曲？

居住在嵌入了弯曲空间的高维空间中的人较易捕捉到空间的弯曲。让我们以一个光滑的圣诞球为例，它的二维球面嵌入到我们的三维空间当中。球面是均匀弯曲的，也因此它是封闭的、体积大小有限的，却是绵延无尽的——这是一个很小但重要的区别。作为人类，我们可以在三维空间中很好地观察到这一点。现在，让我们想象一下生活在这个球体表面的二维生物——准确地说，是生活在球体表面的空间中。这些二维生物同样会弯曲，却注意不到这一点。尽管如此，它们仍然有可能体验到弯曲，即通过测量大小与曲率半径相当的三角形的三个角，查看它们加起来是否为 180°，或者更多或者更少。当测量结果为 180° 时，它们的生活空间是平坦的（从数学上讲，它是欧几里得的）；如果超过 180°，它们则生活在一个正弯曲的世界（球面）中；如果少于 180°，则生活在一个负弯曲的世界（马鞍形的双曲空间）中。在一个正弯曲的世界里，万物都可以向任意方向直行进行测试，并且最终总是会回到出发点。

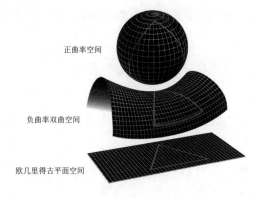

正曲率空间

负曲率双曲空间

欧几里得古平面空间

三种空间弯曲的可能性。（图片来源：美国国家航空航天局）

将之应用到我们的太空，意味着，如果我们乘坐火箭飞往宇宙中的任意方向，我们会在一个正弯曲的宇宙中从相反的方向返回地球。即使我们的飞行速度是光速，也会在数十亿年后才返回到地球。或者如果我们和两个分别在两颗遥远恒星上的朋友测量我们之间形成的三角形时，我们会发现该三角形的三个内角和大于 180°。在负弯曲的宇宙中，一切则正好相反，它无边无际，广阔无垠，好似一个完全平坦的宇宙（欧几里得宇宙），而三角形的三个内角的和正好是 180°。

宇宙是平的，但伤痕累累

今天，我们通过其他非常巧妙的测量（另见"我们平坦的宇宙有多大？"一节）知道，我们宇宙的弯曲是无可测量的。从更高的维度上看，宇宙和比目鱼一样扁平。这就是所谓的全局弯曲。然而，空间也可能发生局部弯曲，例如围绕恒星旋转时。广义相对论的一个重要发现是，空间弯曲是由空间中的能量 E 或质量 m 引起的。从著名的方程 $E = mc^2$ 上，我们可以认识到质量只是一种特殊形式的能量。我将在"什么是引力？"一节中详细解释质量是如何引起局部弯曲的，并将表明弯曲也会反过来在其他质量上产生引力。点状质量会引发漏斗形的局部空间弯曲，可以看作在原本平坦的宇宙中形成的局部伤疤。能量和宇宙质量分布，例如空间的真空能量和宇宙中所有质量的总和，决定了我们宇宙的全局弯曲。

爱因斯坦场方程

正是这种相互作用，即"质量（和能量）弯曲空间，而被弯曲的空间反过来影响其他质量（和能量）的行为"，爱因斯坦的广义相对论场方程对此进行了描述。在等号的右侧是质量和能量的分布，左侧是相关的局部和全局空间曲率。爱因斯坦借此反驳了牛顿关于空间只是宇宙发生的舞台的观点。爱因斯坦表明空间也是一种介导引力的介质：空间中的每个质量都会改变空间的结构（弯曲），而空间的这种结构变化又会对其他质量产生引力。

如果您现在对此有了一些了解，那么您就为后面章节中讨论黑洞和虫洞做好了准备。

爱因斯坦三部曲——
没有什么比光飞得更快!

光速真的是绝对的极限速度吗?如果是,为什么?

为什么当今科学家们声称没有什么可以飞得比光更快?
既然知识每十年翻一番,如何能够保证未来某个时刻有某个
东西不会比光飞得更快?这是我一遍又一遍被问到的问题。
所以我假设,您也对这个问题感兴趣……

比光更快

爱因斯坦的狭义相对论是怎么说的?它指出,在真空中
没有什么比光移动得更快。首先,这里提到了真空,这一点
很重要。在一个灌满水的泳池里,情况可能会有所不同。在
泳池里,光速只有 25.5 万千米 / 秒,而不是像在真空中约有

300万千米/秒。因此，当光进入水中时，它的速度会下降。然而，如果一个基本粒子，如大气中的 μ 介子，以几乎接近光速的速度撞进水里时，它的速度一开始不会下降，因为它是一个大质量粒子。大气中的 μ 介子，大约每秒就有一个击穿你的手掌，最初在水中比光还要快。因此，出现了"音爆锥"现象，进而导致了著名的切伦科夫辐射。

美国爱达荷国家实验室的先进实验反应堆核心发出的蓝色切伦科夫辐射（图片中明亮的部分）。（图片来源：美国阿贡国家实验室，维基共享资源）

原时是关键

但是在宇宙的真空中，这个说法原则上是对的："没有什么能比光飞行得更快。"为什么呢？这是由于时间膨胀。实际上，时间并不是一个固定的量，而是取决于观察者对运动物体的观察。让我们设想一个载有宇航员的火箭，火箭里有一个时钟，地球上的观察者总是可以通过超级望远镜看到这个时钟。让我们进一步假设，该火箭以恒定加速度飞入宇宙的深处。若此时宇航员看向他的时钟，会发现无论他的速度如何，时钟总是以相同的速度滴答作响。人们将宇航员观察到的这种恒定的时间流动称为原时（或固有时间）。地球上的观察者会看到什么呢？他通过望远镜看到，宇航员越接近光速，火箭上的时钟就走得越慢。这意味着外部观察者测量的时间流动取决于被观察物体的相对速度，并且观察者的时钟总是比宇航员的时钟走得更快。从这个意义上说，相对论不是相对的，而是绝对的：参考时间是不变的，因此是正确的原时。

永远不会比真空中的光速更快

　　这个时间差也可以表述为：如果从外部观察到火箭几乎以光速在飞行，那么按照外部的时间计算，火箭需要大约一年的时间走完一光年的距离。宇航员测量相同距离的时间则更短，比如半年。因此，他有充分的理由声称，他的飞行速度是光速的两倍！正如我们所见，光速的极限只适用于外部观察者，不适用于宇航员！若是从外部观察火箭越接近测量的光速，那么宇航员完成一光年距离所需的时间就越少。在极限情况下（当外部观察者说"他在以光速飞行！"时），宇航员在零时间内穿越了一光年的距离，他经历的速度变得无限的大。这意味着他在零原时内到达了宇宙中的每一个点！而且，因为速度超过无限快（或者换句话说，在零时间内到达了宇宙中的所有点）在逻辑上是没有意义的，所以对于外部观察者来说，看到一个飞得比光速还快的物体在逻辑上也是没有意义的。因此，光速的极限是一个逻辑极限。由于相对论已在包括时间膨胀在内的许多实验中得到证实，科学家们由此断定，事实上，任何物体都不会以光速飞行或者比光速飞得更快。

　　总而言之：光速对于外部观察者来说只是一个绝对的极

限速度。在外部观察者看来，没有什么比光飞得更快。相反，飞行的人总是经历着比外部观察者看到的更快的速度。飞行员所体验到的速度甚至可能比光速更大，原则上他体验到的速度是无限大的。

爱因斯坦三部曲——
双生子悖论

　　太空飞行让人变得更加年轻！这不是噱头。我会告诉你，如何以及为什么会这样。

　　是的，你没有看错，太空飞行让宇航员变得更年轻了，准确地说，是衰老得更慢了。这不是玩笑，而是显而易见的事实，并且已经过科学的证明。这一点毋庸置疑。我本人也在进入太空飞行后变得更加年轻了……

时间是相对的

　　在上一节中我们了解到，宇航员自己飞行时的速度总是比从外面观察到的飞行速度要快。由于飞行距离是一个固定的量（可用米尺对其进行测量），并且因为速度＝距离／时间，这意味着飞行者所经历的时间发生了变化。因此，宇航员所经历的时间，即所谓的原时，始终比外部观察者所经历的任何其他时间都要更短。

"双生子悖论"可以更加形象地说明上述事实，这个例子最初来自爱因斯坦，但是我在此对其做了一些调整和完善。假设有两个双胞胎兄弟在 20 岁时分道扬镳，各自追求其不同的人生道路。其中一人成为宇航员并决定飞往另一颗恒星，为人类寻找可居住的行星。相反，他的兄弟留在了地球上并承诺在他回来时为他接风洗尘。宇航员兄弟与几个志同道合者一起登上了一艘宇宙飞船，根据他们自己的时间，五年来都以 1g 加速度飞行，即平时的重力加速度。也就是说，发动机的推力被调至加速力与地球上的重力一样大。这样做的好处是，宇航员可以像在地球上一样生活在宇宙飞船之中，不必暴露在目前国际空间站上笨重、消耗肌肉和骨骼的失重环境中。如此过了 5 年，飞船的速度已经达到了光速的99.99%。之后，飞船再次以 1g 的加速度减速到星际速度。如此又过了 5 年，宇航员们抵达了一颗按照他们时间计算的 10 光年外的恒星。

看法问题

待在地球上的兄弟会有一些不同的看法。在星表中，恒星的距离为137光年。这是它与地球的真实距离。光年是即使是光也需要一年才能传到的距离。由于火箭一直接近光速飞行，从地球兄弟的角度来看，宇航员兄弟在路上的时间应该是137年多一点。

如果宇航员兄弟在环游宇宙寻找宜居星球之后，启程返回地球，根据他们自己的时间，他们首先需要5年时间以1g加速度飞至99.99%光速，然后还需要5年时间减速，才能返回到地球。根据爱因斯坦的说法，按照宇航员们自己的时间计算，他们将在路上行驶20年。宇航员的双胞胎兄弟在他们的旅程结束之后应该是40岁，而他们也已旅行了274光年的距离！当宇航员兄弟返回地球时，他会遇见谁？绝不会是他的兄弟或者是他这一代的任何人。他们在很久以前就去世了，因为对于那些待在地球上的人们来说，宇航员已经旅行了274年多的时间。宇航员却只老了20岁！这表明，并不是只有时钟走得不同，通过时钟显示出的时间的相对流动也有所不同。一切随时间发展的东西，比如生物生命，都有不同变化。

如果宇航员们没有返回地球，而是进一步驶向宇宙深处，

那么情况会变得更加令人难以置信。15 年后，他们已经飞越了
1560 光年的距离（即使是光也需要 1560 年的时间才能走完的距
离）；25 年后他们将穿过整个银河系（高达 10 万光年的距离）!
我们的宇航员在完全穿过银河系抵达那里的星球时将只有 45 岁!

加速度的不对称性至关重要

有人可能会反对说："但这也适用于相反的情况！宇航员还
看到地球以接近光速远离他们。因此，他们作为地球外部观察者
的时间应该比地球的固有时间过得更快。有这样的矛盾，他们就
不可能返老还童！"虽然这话也对，但是当双胞胎兄弟再次相聚
时，人们可以看到，最终时差取决于两个系统中加速的一方。这
一点正是关键的不对称性。火箭加速至接近光速，然后又减速。
也因此最终返老还童的是宇航员，而不是留在地球上的人。

证据

到目前为止，一切都只是灰色理论。① 然而，这种返老

---

① 此处指研究信息部分清楚、部分不清楚并带有不确定性的现象。——译者注

还童的效果终在 1985 年德国 D1 航天飞机任务中得到了验证。当时的航天飞机没有以光速飞行，其飞行速度只有光速的百万分之一，但这足够人们用两个非常精确的原子钟来进行测量了。其中一个钟表在航天飞机上，另一个钟表则留在地球上，两个钟表都在发射时归零。在太空中飞行 10 天后的结果是：航天飞机上宇航员的飞行时间比地球时间慢了 0.000254 秒，这完全符合爱因斯坦相对论的预测！

此外，我在执行 D2 航天飞行任务时也变年轻了许多。我看到您脸上带着不以为然的微笑（"好吧！"）。诚然，我返老还童的效果有限，也许看起来也不太像。但与这世上的大多数人相比，我可以说：至少我是变得更加年轻了一点儿！但真正重要的是爱因斯坦是对的，以接近光速旅行的确会产生显著的返老还童效果。

从理论到实践

上述之事在未来永远不会发生，因为这样的任务会消耗大量的能量。即使使用理论上可以存在的最好的推动力，即假设的反物质推进力（氢和反氢湮灭成纯能量），我们的宇航员也需要 3600 万吨氢气作为燃料，乘坐重量只有 200 吨的宇宙飞船，如航天飞机，前往距离地球 274 光年的恒星进行一次往返旅行。如果燃料的密度为 70 千克／立方米，则需要一个 $800×800×800$[①] 立方米的氢气和反氢气燃料箱！

然而这样是行不通的。只有以 10% 或更低的光速飞行，航天器才不会成为巨大的能量毁灭者，这就是为什么在我们宇宙中众所周知的平滑区域，航天器是这样且只能是这样飞行的——所有科幻作家对此都应尤为注意！没人会变得非常年轻。当然，这也适用于所有打算来拜访我们的外星人。

小结

我们每个人总是经历着同样的时间流逝。这意味着，我们自己的时钟（原时）总是以相同的速度滴答作响。但是，我们相对于他人的时间取决于两者之间的相对速度。如果相对速度是光速，那么时间差就会无限大。两者中，谁的时间走得更慢，谁就更加年轻，这一点只有当他们再次相遇时才会显现出来。同理，谁如果在此期间加速，谁也就会变得更加年轻。

---

① 本书中的公式，表示相乘的符号，数字之间相乘用"×"表示，例如：$2×10^{10}$。未知数之间相乘用"·"表示，例如 $x·y$ 或 $2·y$。

爱因斯坦三部曲——
星系是否正以超光速移动？

据说，遥远的星系正以超光速远离我们。这不是与爱因斯坦的理论相矛盾吗？不是的！现在你会知道这是为什么。

前段时间我收到了一封有趣的电子邮件（原文如下）：

尊敬的沃尔特教授：

您在弗兰克·埃尔斯特纳（Frank Elstners）的《本周人物》节目中讨论了一位科学家的新发现，他最近证明了宇宙膨胀得越来越快，比光速还快，并因此获得了荣誉。但是这与爱因斯坦的论点，即没有什么比光的传播速度更快，相互矛盾。正如您所说，爱因斯坦的论点只在太空中有效。

您曾用吹气球来比喻太空，如果太空膨胀的速度比光速还快，那么太空中的星系，气球上的点，也肯定比光速膨胀得更快。但是，这些星系存在于爱因斯坦论点中的太空里，其中没有什么比光更快。这难道不是自相矛盾吗？

致以诚挚的问候，

卡尔·H.

我同意 H. 先生的观点。乍一看，观测到的星系行为似乎与爱因斯坦的相对论相矛盾。要清楚为什么不存在矛盾，我们首先要了解那里实际发生了什么。

哈勃定律

近年来，科学家们发现遥远的星系正在远离我们，而且距离越远，速度越快。速度随距离线性增加，这便是哈勃定律。该定律是以其发现者的名字命名的。显然，如果这条定律普遍适用，那么肯定存在一个距离，在这个距离之外，星系的速度会超过光速。这似乎与爱因斯坦的理论相互矛盾，因为他断言没有什么比光速更快。

太空就像一个气球

其实就是爱因斯坦本人也意识到超光速是可能的。为此，我们必须仔细研究狭义相对论的陈述：在真空中没有什么比光移动得更快。这里的关键点是在真空"中"。15 年后，爱因斯坦的广义相对论，即关于质量和时空之间相互作用的理论，表明空间不是刚性结构，而是可以拉伸的。

我们无法在自己的三维空间中设想这些，因为我们自身就是空间的一部分。但是，我们可以把三维空间想象成二维的橡胶气球表面。它是弯曲的，可以被拉伸，我们可以将其视为一种外在的存在。气球表面上的平面生物将无法理解，因为它自身也被弯曲和拉伸。作为三维空间中的生命，我们也同样感觉不到空间的任何弯曲或拉伸。

如果我们现在给气球充气，橡胶就会膨胀，空间也会随之膨胀。假设我们在这个橡胶气球表面画上点来代表星系，其中一个点是我们的银河系。虽然这些点与橡胶紧密相连——星系在空间"中"——但在膨胀时会彼此远离。尽管如前所述，太空中的星系处于静止状态，但这种彼此远离实际上是一种相对速度。

超光速是由于空间膨胀

空间就像是上面类比时说的橡胶各处均以相同的速度膨胀，如果我们假设所有的星系，即画在橡胶表面上的点，彼此之间距离相同，那么我们视野中的下一个星系将会以两倍于我们最近的星系的速度远离我们。哈勃定律正是建立在这样一个事实基础之上：空间在各处均匀地膨胀，即使空间中的所有星系没有移动！但是由于狭义相对论没有说明空间如何膨胀，只说明物体如何在空间中运动，因此空间膨胀引起的比光速还快的相对速度并不与陈述"在太空中没有什么比光更快"相互矛盾。

我们能看到的和不能看到的

在遥远的地方，确实有星系远离我们的速度比光速更快。但有一点很清楚，这些星系向我们方向发出的光将永远不会抵达我们，因为这些光必须比普通的光速更快。就像是一个人在河里逆水而游，水流的速度比他游的速度更快。这也是为什么我们不能观察到这些星系，只能从理论上知道它们，而我们也只能看到附近那些以低于光速的速度远离我们的星系。

　　此外，逆着膨胀流"游动"的星系的光会失去能量，从而发生所谓的红移，即光谱的谱线向红光偏移。偏移的大小取决于相对速度。以接近光速移动的星系的光在发生红移时，我们可将其视为微波辐射。恰好具有光速的星系的光则将具有无限长的波长，因此它的能量为零，仅出于这个原因，原则上都不可能再存在这样的光。

上帝是不可捉摸的

　　如您所见，大自然非常棘手。但是，如果对其展开更加仔细的分析，我们会发现这一切都是合理的。或者，正如爱因斯坦曾经说过的那样："上帝是不可捉摸的，但他没有恶意！"

2∶0 对爱因斯坦
——引力波证明相对论

科学家们已经发现了探索宇宙时空的圣杯。它让引力波变得如此重要——而引力波的证据又对我们理解时间意义重大。

17 世纪末，伟大的物理学家艾萨克·牛顿（Isaac Newton）认为，我们宇宙中的时空只是我们世界上演的一个舞台。因此，原则上也可能存在没有内容的空间和时间。时至今日，所有伟大的哲学家都依然认同这一理念。

然而，阿尔伯特·爱因斯坦对此持有不同的看法。1915 年，他发表了广义相对论，声称时空及其内容，即恒星和行星，是不可分割的。没有时空，就没有有物质的宇宙；更为重要的是，没有物质，就没有空间……也没有时间！因为我们的宇宙产生于 138 亿年前的一次大爆炸，爱因斯坦声称在那之前不仅没有空间，也没有时间！因此，热门问题"大爆炸之前是什么？”被认为是毫无意义的。

我们的理智却在反抗，因为对我们来说时间是永恒的。古希腊人称其为神圣的"永恒"。对于托马斯·阿奎那（Thomas Aquinas）①来说，"永恒是保持不变之物的尺度"。难怪直到今天，不仅是普通人，就连许多科学家都不相信广义相对论。

空间是一个三维橡胶

广义相对论提出了一个重要且可以被验证的说法：我们宇宙的时空不是一个舞台，而是某种"具体"的东西。特别是空间，就像是一种我们生存于其中的三维橡胶。这块橡胶虽然坚硬无比，但还是有一点弹性。就像一个橡胶垫可以在二维中发生弯曲一样，当我们击打这块橡胶时，它会振动，振动会以波的形式穿过垫子。波正是这样穿过我们宇宙空间的三维橡胶的，即引力波。

但是，击打这种引力波的锤子必须非常厚实。两颗行星

---

① 托马斯·阿奎那（1225—1274），意大利人，中世纪经院哲学集大成者。他将理性引进神学，用"自然法则"论证"君权神授"，是自然神学最早的提倡者之一。他因建立了系统、完整的神学体系，对基督教神学的发展产生了重要的影响，被基督教会奉为圣人，有"神学界之王"之称。

相互碰撞是远远不够的。即使是两个相撞的太阳也还不够。它需要两个巨大的黑洞发生碰撞，并且每个黑洞的质量都要是太阳的数倍才行。这种碰撞是我们宇宙所能产生的最大的事件。如今，黑洞已经非常罕见。两个黑洞在浩瀚的宇宙中相遇则更加罕见。因此需要等待很长时间，才会发生这样的事情，并且需要极大的幸运才能在大约十分之一秒的时间内测量到这样一个经过的空间波。

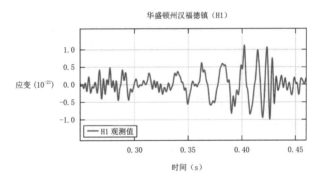

华盛顿州汉福德镇（H1）

使用汉福德引力波探测器（LIGO）测量到的引力波。（图片来源：LIGO团队的专业出版物）

2015 年 9 月 14 日，在美国，一个科学家团队成功探测到了这种空间波。然而，直到 2016 年 2 月 11 日，他们才在新闻发布会上对此事做了报告，因为他们想要完全确定他们对数据的解释是正确的。如果他们错了，那将是本世纪的尴尬事。

但他们对此确认无疑。为什么？因为他们不是仅有一个检波器（即引力波探测器），而是两个检波器。两者都测量到了相同的东西：太空橡胶的振动。在团队发表在著名期刊《物理评论快报》上的图中，我们可以清楚地看到这种振动是一条红色的、略带锯齿状的线。在第二张图中，我们可以看到对此类事件的理论预测，在红线之上显示了两个黑洞的相关轨道，一直到它们相互融合，触发引力波。由于极端的一致性，研究人员非常确定他们发现了引力波。

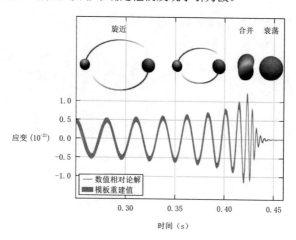

计算出的引力波振动，以及两个黑洞相互围绕直到融合的相关运动。（图片来源：LIGO 团队的专业出版物）

这个巨大的黑洞融合事件发生在距离我们13亿光年的地方。尽管是光速，引力波还是花了13亿年才到达我们身边。在这个相互旋转的轨道上——两个大胖太阳团子在10毫秒内相互围绕旋转一周！——两个黑洞达到了60%的光速！

这是许多人不相信的事实：时空是有形的。爱因斯坦是对的。现在我们也可以肯定，时间不是永恒的和神圣的。由此，爱因斯坦证明了古希腊人是错误的。时间在138亿年前就开始了，但很可能永远不会结束。如果证明了这一点的研究人员最终没有获得诺贝尔奖，那是绝不可能的。

宇宙的基础

宇宙——如何为我们而生？

人类的存在是偶然还是必然？宇宙如此精妙，恰好适合我们生存，这绝非巧合。

人类的存在是偶然还是必然，即宇宙的诞生与演化是有目的（专业术语：目的论），是哲学上的一个基本问题，对此我们至今仍然没有一个明确的答案。然而，自20世纪60年代以来，我们的世界出现了"弱人择原理"这样一种解释性原理，它说服了许多科学家，我也将在本书中对此进行讨论。该原理足以让我们从"偶然还是必然"的角度仔细审视我们的世界。

我们思考的出发点是下述研究结果：

1. 我们人类是生物学上高度复杂的生物，需要一个具有特定属性的宇宙。

2. 我们生活的世界具有使我们的存在成为可能的特性。

3. 可能有许多我们无法生活在其中、拥有许多不同属性的世界。

统治我们世界的力

我们这个世界的基本属性是什么？我们的世界本质上，一方面受构成一切的基本粒子的各种特性，尤其是它们质量的支配，另一方面又受到它们之间四种基本力的支配。如果查看这四种力，我们会发现下列力常数：

1. 强度为 1 的核力
2. 强度为 7.30×10^{-3} 的电力（精细结构常数）
3. 强度为 1.03×10^{-5} 的弱力
4. 强度为 5.90×10^{-39} 的引力

这里给出的力的强度均以强度为 1 的核力为标准，通常这样做是为了方便对这四种力进行相互比较。电力比核力小 100 倍左右，弱力比电力小 100 倍左右。引力则在一个完全不同的数量级。它极弱，只与单个基本粒子相关。引力和电力一样，原则上具有无限大的能量范围，而核力和弱力则只作用于微观距离。然而，由于电力可以根据电荷符号产生吸引或排斥的作用，并且因为宏观物体必须是电中性的，因此它在介观^①距离处会迅速平均化，变得微不足道：没有人会被另一个人的电荷吸引或排斥。相反，引力总是在吸引，即总在做加法，这就是为什么它只在宏观宇宙中，也就是与地球一样大或更大的物体，显示出它的主导地位。

有其他可能吗？

为什么要说这个？因为这些力常数及其对距离的影响原则上也可能具有完全不同的强度，即其他任意强度。让我们假设这四个常数中的每一个都可以在 10^{-39} 到 1 的范围内以 1% 的增量变化。那么，每个常数就有 $\log 10^{39}/\log 1.01 = 39/0.00432137378 \approx 9025$ 种可能性。这四个自然常数总共有 $9025^4 = 6.6 \times 10^{15}$ 种可能的组合。而我们的力常数只是其中之一！

其他可能的世界会是什么样子的？

有趣的问题是：一个同时存在这四种基本力但其力常

---

① 即介于宏观到微观之间。——译者注

数与我们不同的世界会是什么样子的？科学家们已经考虑到了这一点并得出了以下结论：如果电精细结构常数①仅减少24%或增加60%，就不再有稳定的质子，恒星也会坍塌。当前偏差值是4%，这将使太阳核聚变过程中碳和氧的产生减少到千分之一。根据其他研究，即使电精细结构常数发生1%的变化，也会将所有类太阳恒星变成过冷的红色恒星（即不能融合重元素的恒星，而重元素对任何生命都是必不可少的），或变成过热的蓝色恒星（即没有自己的行星系统和类地行星的恒星），从而使宇宙中的任何生命基础都变为不可能之事。因此，我们真是太幸运了！

让我们再来看看弱电。它的绝对大小也对我们的幸福至关重要。如果弱电明显更小，那么所有的氢都会在大爆炸后不久转化为氦。如果弱电大得多或小得多，在超新星爆炸时，中微子将无法爆掉恒星的外壳，从而无法将其中早已煮沸的、也是生命所必需的重元素抛到周围的宇宙中，在那里它们会形成类地行星。

我们对于核力的依赖则更加敏感。如果核力仅缩小11%，氘将不再稳定，也根本无法形成氘，因而有机元素碳和氧不

---

① 指荷电粒子与电磁场之间相互作用强度的量度，其数值决定了现实世界里原子的大小和物质的稳定性。——译者注

会发生恒星核聚变。相反，如果核力仅增大 3.7%，这样的话，两个质子结合在一起就可以形成双质子，从而会发生双质子灾难。然后氢在恒星中的燃烧速度会加快 10^{18} 倍，这反过来又不允许游离氢的存在，因为在大爆炸后不久，所有的氢都会结合形成双质子。最终，我们的世界将没有水，也没有有机化学。更糟糕的是，核力仅 0.5% 的微小变化就足够耗尽整个宇宙的碳和氧了。

这不可能是巧合！

这不可能是巧合！如果有 66 亿个宇宙，那么其中一个宇宙的力刚刚好可以让我们生存。而这个貌似不可能的宇宙正是我们所在的宇宙？！相比之下，平均下注 1400 万次后才中奖的彩票也相形见绌。

是的，我们的世界就是这样的。但其实应该有人来告诉我们，我们的存在纯属巧合！相反，它一定是相反的。我们世界上的所有自然常数都相互微调，并以这样一种方式创造了有机生命，而人类作为创造之冠亦得以出现。

这个解释可能是正确的。相应的学说被称为目的论。一种有目的的进化自然需要一个有该目标的造物主。难怪那些教导有目的的神圣创造行为的基督教会强烈地提倡目的论。

　　但是，我们的世界可能只是一个巧合，因为这不存在于我们思维的本质当中，所以数千年来哲学家们一直在抵制这一想法。关于这一点，我将在"人择原理"一节中做详细的讲解。

太空中有多热?

在太空中,人们应该穿得暖和些还是薄一点?

多年前一个小男孩问过我这个问题,我不得不承认答案并不简单。

大约在 12 年前,一次演讲结束后,一个 8 岁左右的小男孩来到我的面前,仰头望向我说:"亲爱的沃尔特先生,我问过很多人,但是目前为止没有人能够很好地回答我的问题:太空中有多热?如果有人能够回答,那肯定是像您这样的宇航员!"我把他拉到一旁,给了他一个有点儿复杂的答案。我不确定他是否理解了,无论如何他之后看起来更加开心了。

什么是热?

这个问题有点儿棘手,因为"热"这个词在太空中失去了部分意义。但也不是毫无意义。要想获得准确的答案,您必须和我一起深入了解原子的世界。

什么是热？物体的热是其原子粒子的无序运动，并伴有位移的发生。在气体中，分子或原子（取决于不同气体）会在撞上其他气体粒子并以不同方向散射之前，飞过大约 0.1 微米"远"的距离。而在液体中，堆积得更密集的粒子会在 0.001 微米后就与相邻的粒子发生碰撞，然后朝不同的方向移动。这些微观平移运动也被称为布朗分子运动。在固体中，碰撞后粒子会移回到它们的中间晶格位置，甚至更远。后者只不过是一个原子在固态化合物中围绕其固定晶格位置的振动。在所有这些情况下，粒子通过碰撞将动能和热量传递给相邻的粒子。这种通过分子碰撞传播热的形式被称为热传导。如果将物体放到皮肤上，或者如果空气分子撞击我们的皮肤，那么它们的运动会通过撞击接触传递到皮肤并导致皮肤分子振动。如果强制的运动大于皮肤分子的运动，我们就会感到温暖；如果小于皮肤分子的运动，我们就会感到冷。

根据定义，当分子运动为零时，温度为零开尔文。因此，开尔文不可能有负温度，也因此开尔文标度是唯一具有物理意义的标度。在摄氏标度中，这个零点仅移动了 273.15 个单位，直到冰的露点。当我们说"房间很暖"时，空气分子的移动速度比寒冷时更快。尽管从这个意义上说，寒冷是不存在的，只有或多或少的热量——绝对零度时热量为零。但是，如果没有空气，只有真空，像在太空中一样，会怎样呢？在没有空气的地方，谈论温暖或寒冷的环境是没有意义的。没有真空温度之类的东西，因为没有任何东西在真空中移动。

辐射热

但在真空中还有辐射热，即通过电磁辐射进行热传递，例如阳光。躺在沙滩上，当阳光照射到皮肤上时，光粒子（光子）会撞击皮肤分子，传递它们的动量并导致皮肤分子振动。这种振动被认为是来自太阳的令人愉悦的温暖。因此，虽然太空中没有热传导来传递热，但是有辐射热，就是可以将能量和动量传递到表面的电磁粒子。宇宙充满了背景辐射。然而，它们的能量非常低，温度仅为 2.7 开尔文，即 -270℃左右。宇宙深处的每一个物体都冷却到了这个温度！所以，宇宙是一个完美的冰柜。

但是，如果我们接近一颗恒星，比如我们的太阳，它的光线会照射到我们身体表面的一侧并将其加热。未被照到的另一侧则保持冰冷。因此，当我在国际空间站上进行太空漫步时，面向太阳的一侧会有大约 100℃。而我的太空服则会保护我免受伤害。当我在地球的夜晚一侧时，我只能得到来自地球微弱的红外辐射，它使我的太空服表面冷却到大约 -100℃。

因此，物体的温度在很大程度上取决于有多少光线落在物体上，也就是取决于到太阳的距离。其粗略计算为 $T = 279/\sqrt{R}$（单位：开尔文），其中 R 是与太阳的距离，以天文单位表示。一个金属球（相应的行星或宇航员）处在水星离太阳的距离时，平均温度为 174℃，金星平均为 56℃，地球平均为 6℃，火星平均为 -47℃，木星平均为 -151℃，土星平均为 -183℃，天王星平均为 -209℃，海王星平均为 -222℃。地球表面不是 6℃，而是平均为 20℃，是因为我们的大气，特别是二氧化碳，像毯子一样温暖着地表。

太空烧烤

辐照面和非辐照面之间的巨大温差会给太空旅行造成巨大的麻烦，由于物体在不同温度下的膨胀不同，因此会发生几何变形。航天飞机的这种变形是如此之大，以至于有时货舱舱口在返回地球之前无法闭合，也就是不再适合货舱的插槽。于是，航天飞机必须提前以"烧烤模式"飞行，以便均匀地接受阳光的照射，在货舱舱口关闭之前变得通体均热。

什么是引力?

引力是物体吸引其他物体的属性,还是爱因斯坦所说的空间属性,即空间曲率?

远距离作用的场概念

让我们从一个(看似)非常简单的陈述开始:像地球这样的巨大物体会吸引遥远的质量,比如我们或者月球。这就是所谓的远距离作用。两个电荷之间的吸引力也是一种远距离作用,只是不同而已。由于在过去几个世纪中物理学家并不完全理解其工作原理,他们引入了场论的概念。某种东西,即一个场,传递了这种作用。场论是物理学家承认他们不知道具体发生了什么——只是有这么一个场。当前一个典型的例子就是希格斯场。没有人知道它是如何运作的,只知道它与希格斯粒子有关。

　　然而，我们现在已经知道一些场是如何以及为何这样运作的了。电场是空间中原始电荷之间电荷的极化，即电荷位移。例如，在固体中，是电子相对于原子核略微移动，而在真空中，则是真空中虚粒子之间的电荷转移，即所谓的真空涨落。远距离电荷作用就像是斗链[1]。

引力是如何发挥作用的？

　　在大约 300 年前，牛顿没能回答这个问题。他只能证明万有引力随距离的平方而减小，电力亦是如此。但是，力有同样的依赖关系并不意味着有同样的作用方式。对此，爱因斯坦首次给出了正确的解释：三维空间是可以弯曲的（首先得生出这样的想法！），就像地球表面弯曲成二维空间一样。因为我们是三维空间的一部分，所以我们无法感知它的弯曲，就像地球表面空间中一个假设的表面生物无法感知它自己的弯曲一样。

　　广义相对论中著名的爱因斯坦场方程一方面建立了空间中质量和能量之间的关系，另一方面建立了空间曲率。这些

---

① 即由链斗及其连接部件组成的链。——译者注

方程表明了质量是如何让空间（和时间）发生弯曲的，而被弯曲的空间又是如何让其他质量移动的。这样就解释了质量之间的远距离作用。最终，爱因斯坦证明了牛顿的万有引力定律是从这个空间曲率中得出的，表明空间曲率是万有引力的原因。此外，质量与时空之间的这种一一对应的关系也解释了在经典物理学中大爆炸之前既不存在空间也不存在时间的原因。这一点我已在"宇宙大爆炸——在此之前发生了什么？"一节中有所描述。

引力作用的方式：地球的质量使空间发生了弯曲（由网格象征性地表示），受空间弯曲影响的卫星被拉向地球。（图片来源：美国国家航空航天局）

床单类比

空间曲率既可以是全局的，即宇宙的所有质量和能量共同赋予太空一个全局曲率，也可以是局部的。近十年来，我们已经知道，全局曲率实际上为零——即我们所处的宇宙是平坦的。局部曲率则是我们宇宙的典型特征。局部曲率由像地球这样的单个质量引起。由质量引起的曲率通常被描述为一个球体（地球）位于一张被拉伸的床单（空间）上，并挤压床单（使床单发生弯曲，见左页图）。然而，这个类比不很恰当，因为床单只是一个二维空间，而地球镶嵌在三维空间当中，并在所有三个空间方向上使空间发生了均匀的弯曲——准确地说是"压缩"。但这很难用图画来表示，于是人们将其缩至二维并用床单做一类比。床单类比的好处在于，它能够清楚地展现空间曲率是如何产生引力的：靠近地球的物体（如卫星，见左页图）能感受到将其拉向地球的空间曲率。床单暗示了这一点（这虽然是错误的），就好像卫星会因自身重力而滚下弯曲的漏斗。然而，这是不对的，因为在太空中没有"向下"拉的重力，只有曲率本身会对物体产生引力。但最终的结果是一样的。这就是为什么床单的类比很好，虽然它原则上是错误的。

在第 72 页图中，卫星或月球的绕地轨道是由这种吸引力的平衡决定的，一方面是空间曲率，另一方面是轨道上每一处点上的离心力，即惯性力。轨道的确切形状（圆、椭圆、抛物线、双曲线）则取决于初始条件。

由质量引起的空间曲率适用于所有范围，包括宏观世界和微观世界，例如在一个原子中。但是，由于原子核和电子的质量极小，与静电引力相比，那里的万有引力可以忽略不计，而静电引力最终决定了电子在原子核周围的"飞行"。

引力波

床单类比也可用来解释引力波的起因和形成方式。如果大质量被迫剧烈加速，例如当两个黑洞碰撞时，空间曲率就会开始振动。这种空间曲率的振动对应于上页床单表面的波浪，它起始于两个黑洞，自内向外传播。如果我们未来能用巨大的激光干涉太空天线成功探测到这种引力波，那将很好地证明宇宙空间具有一种几何结构，该结构甚至可以振动。此外，它也将很好地证明空间（和时间）不仅是世界发生的舞台，正如牛顿所认为的那样，时空还拥有上述决定我们宇宙基本状况的鲜明特征。

什么是暗物质?

简述我们宇宙的暗物质。

欧洲空间局的普朗克任务再一次,也更加准确地证实了:普通物质,即我们所知道的宇宙中的物质,仅占宇宙中所有物质的15%。其余85%则是所谓的暗物质。那么,究竟什么是暗物质?

为什么会有暗物质?

首先,物理学家将"物质"理解为一切有引力作用的东西。没有质量,就没有相互的引力作用。太阳有质量并吸引大质量的地球,因此地球围绕着太阳旋转。没有质量,世界上的所有事物都会像在一碗汤里互不干扰地飘来飘去。是引力构成了我们宇宙中的结构:行星和恒星的坍缩,星系的聚集,以及行星、恒星和星系围绕彼此的旋转。

借助牛顿万有引力定律，人们可以非常精确地推断出物质产生的运动。反之亦然，但这里就有问题了。如果我们用太空望远镜观察物质并从中计算出恒星围绕我们银河系中心的运动，结果却不是我们实际看到的运动。特别是距离我们银河系中心超过 30000 光年的恒星（例如距离银河系中心50000 光年的太阳）的自转速度不会像牛顿所要求的那样随着距离银河系中心距离的增加而降低。相反，它们的旋转速度实际上会随着距离的增加而增加！

对此，一种可能的解释是牛顿万有引力定律不适用于如此大距离下的引力行为。确实存在这样的理论。然而，当存在另外一种可能性时，对既定定律的歪曲是不可接受的：那里有我们用任何望远镜都看不到的质量。从这个意义上说，它们是黑暗的，也因此它们被称为暗物质。此外，太空望远镜，如普朗克望远镜，对宇宙背景辐射进行了分析，不仅证实了暗物质的存在，而且对其进行了精确估计。

什么是暗物质？

研究表明，这些假设的暗物质很好地解决了我们银河系自转的问题。但这些暗物质是什么呢？它肯定至少有一种非同寻常的特质。如果我们基本上看不到它，那么它也不受电磁相互作用的影响，因而不带电荷。让我们设想一下，在您面前有一块拳头大小的暗物质。由于它不与光相互作用，因此它既不反射也不吸收光线。这意味着您将看不到暗物质，甚至在暗物质后的物体也会像穿过玻璃一样不受阻碍地穿过它，就好像它根本不在那里一样！

更重要的是，电荷中性也意味着人们抓不到它。您的手将直接穿过暗物质，而毫无感觉。为什么？因为在直接接触时，您手掌中原子的电子会与物体表面的电子发生静电相互作用。但这正是电中性物质，即暗物质，无法做到的。这种特殊的性质也是我们注意不到它的原因，尽管它贯穿了我们整个银河系。它无处不在，甚至现在它也在穿过您的身体。然而，因为它不会在局部"聚集"，不会形成任何行星或太阳，而只是我们银河系中的一种全局以太，所以我们注意不到太阳系中任何源自它且可被证明的引力。

是否存在如此可疑的物质粒子，即"弱相互作用重粒子"（Weakly Interacting Massive Particles，简称WIMPS）？最近，以这种方式运动并已被检测到的中微子被认为是暗物质。但它们不适宜于此，因为它们的质量太小了。还有其他候选者，其中超对称理论，特别是最小超对称标准模型，所假设的中性子，最有可能是暗物质。在该理论中，中性子作为最轻的超对称粒子，是一种由规范微子、W 微子和希格斯微子组成的混合物，即标准模型中 W、Z 和希格斯玻色子的超伙伴粒子。不理解？不要紧，这只是一个猜测。只有当物理学家找到中性子时，事情才会继续。

什么是暗能量?

简述我们宇宙的暗能量。

通过对宇宙背景辐射的分析，我们今天知道，宇宙中所有能量（包括能量等效质量）的主要部分，即 68.3%，都是暗能量。究竟什么是暗能量?

为什么会有暗能量?

在上一节中（注意：暗物质和暗能量是两个完全不同的东西）我曾讲过，占宇宙全部物质 85% 的暗物质非常具有可疑性：我们既看不到它，也摸不到它。而暗能量，则更加可疑。但是对宇宙背景辐射的分析证实了暗能量的存在。与暗物质一样，"暗"意味着我们看不到它，例如以高能而无质量的光粒子的形式存在，并且我们不知道它具体是怎样的。因此，暗能量是一种没有质量的暗物质！

为什么会有物理学家假设这样一种黑暗的虚无呢？因为能量如同质量一般也会对宇宙的全局曲率产生影响。爱因斯坦场方程的能量动量张量（Energie-Impuls-Tensor）就描述了我们宇宙中空间的这种特性。人们可以从宇宙背景辐射中读出空间曲率：它实际上为零。然而，宇宙中普通物质和暗物质的数量不足以解释零曲率。由此，宇宙学家们得出结论，其余的一定是暗能量。但是这个"其余事物"导致了68.3%的空间曲率！换句话说，我们宇宙的基本属性似乎是由古希腊人的第五元素——以太（Äther）决定的。

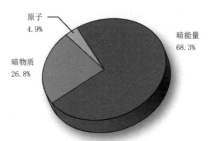

我们所处的宇宙仅包含4.9%的普通物质，其余26.8%是暗物质，68.3%是暗能量。（图片来源：美国国家航空航天局）

暗能量的本质

物理学家认为他们已经非常清楚暗能量背后的原因了，就是真空涨落。正如我在"什么是引力？"一节中所描述的那样，真空涨落，即真空的"噪音"，是由虚拟粒子的短期产生和立即衰变引起的。一方面，虚拟粒子可以是玻色子，即任何种类的物理作用场的载体——引力场、电场等。如果真空中不存在这种场，那么这些场粒子会与它们的反粒子一齐出现并立即再次消失。另一方面，虚拟粒子也可以是费米子对。由于海森堡测不准原理，它们从虚无中借用质量能量并通常在 10^{-16} 秒后相互抵消。虽然这听起来不合逻辑，但事实上的确如此。这种虚粒子的存在在物理学中是无可争议的，因为它们以非常优美的方式解释了我们世界中的许多现象。通过使带相反电荷的虚拟粒子和反粒子电极化，光得以在真空中传播。从这个意义上说，真空涨落成为电波在真空中传播的媒介。

现在我们来到了关键之处：根据物理学家的说法，真空噪声对应一种能量，即暗能量，但是由于它是虚拟的，很遗憾，我们不能实际使用到它，例如用于太空推进。真空涨落的暗能量具有对空间产生反重力作用的特殊性质，也就是说它会导致宇宙加速膨胀。宇宙学家准确地观察到了这种意想不到的膨胀，并因此获得了 2011 年的诺贝尔奖。这种永恒的膨胀使得我们宇宙当前的膨胀永不止歇，甚至不会重新坍缩，而是会永远加速膨胀。

然而，这种对暗能量的解释仍然存在很大的问题。物理学家根据真空涨落计算的、作用于空间曲率的能量比测量值大 120 个数量级！他们在计算上犯了一个很大的错误。但我相信他们终会到达那里的。

天体为什么旋转？

宇宙中的一切都在旋转：卫星围绕行星公转，行星围绕恒星公转，恒星围绕星系旋转。这是为什么呢？

运动是相对的

公元前 500 年左右，哲学家赫拉克利特认为"万物都在流动"。他的意思是，运动是内在于我们世界的，也就是说运动是一切事物的本质。相反，不运动则只是一种例外的界限状态，即使是看起来静止的东西其实也在运动。当您读到这行文字时，您可能正坐在一把椅子上，但是椅子随着地球表面围绕地球的轴心旋转，而地球又绕着太阳旋转。运动以及作为运动量度的速度始终是相对的，即相对于任意选择的参考点，因此具有一定的任意性。就这点而言，物体的运动是相对于其他物体的属性，而不是物体的固有属性。因此，不存在物体的具体运动，而只存在任意可以想象得到的运动，并且人们实际上总要说出是相对于什么的运动。当然，在地球上，我们总是指相对于地球表面的运动。

当我们说"运动"时，我们实际上是指线性运动，因为那是我们的日常生活经验。当我击中一个地掷球时，它会一直向前滚动。如果该球与地面没有任何摩擦，它将一直滚动下去，并且不会减速。我们都已经习惯了这种极限行为的正确性，尽管还没有人真正经历过此事。古希腊人会反对这个观点，因为他们相信每个没有灵魂的物体最终都会静止不动。

由直变曲

如果我们现在抛掷地掷球而不是滚动它，那么地掷球就不会直线飞行，而是会向下弯曲，直到它再次撞到地面。地掷球的下落轨迹描述了所谓的抛物线。我们熟悉这种表达，因为我们可以在重力的概念下设想一些东西。我们可以设想一下地球是如何通过远距离作用将地掷球向下拉扯的。首先，让我们明确一点：如果一个物体影响了另一个物体的运动，那么直线运动就会变成曲线运动。现在，请您设想一下，抛掷地掷球的速度是如此的快，以至于它向下弯曲的路径正好沿着地球弯曲的表面，从而沿着地球表面旋转。卫星和空间站环绕地球的轨道只不过是向着地球的连续"坠落"，却从未落到过地球上。为此，它们必须移动得非常的快，准确地说是要达到 7.9 千米 / 秒。如果它们的速度大于或小于这个圆周速度，那么它们围绕地球的运行轨道就不是圆形轨道，而是椭圆形轨道了。这些椭圆形轨道可以使航天器离地球更近或更远。如果航天器离地球太近并撞到了地球，就是前述被抛掷的地掷球的情况了。

在我们的太阳系中圆形轨道是这样产生的

有了这些知识，我们现在也能够理解太阳系中的天体运动了。最开始，有一个巨大的云，其直径有几光年之长，由大爆炸产生的氢气和超新星爆炸产生的一些尘埃组成。在云的引力坍塌期间，气体分子和尘埃粒子最初的线性运动相互作用，导致粒子开始围绕云的引力中心旋转，且运动轨迹大多是椭圆形的。它们也时不时地相互碰撞，这导致了数个有趣的结果：出现了越来越多的物质团块，后来这些物质团块成了我们的行星。它们的轨道几乎都是圆形的，因为无数不同的做椭圆形运动的初始粒子在碰撞后形成一个圆形。可以说，圆形轨道是这些椭圆形粒子轨道的最小公分母。

但是，为什么天体也会围绕自己旋转呢？它们为什么会莫名其妙地自转？这有点复杂，我将在下一节中详细解释。

天体为什么自转?

宇宙中的一切都在旋转。就连天体自身也在围绕自己的轴旋转。
这是为什么呢?

在上一节中,我描述了最初的气体分子和尘埃粒子是如
何通过碰撞变成越来越大的物质团块,并最终成为轨道行星
的。但是,它们为什么也在自转呢?

行星为什么自转?

在碰撞中也会发生以下情况:如果两个团块相互擦碰——
这是最有可能发生的——并相互粘连,那么当两个黏性球相遇
时就会发生同样的事。在擦碰后,它们将继续围绕彼此旋转。
一种纯线性运动会以旋转结束。甚至物理学家现在也会质疑,
当角动量守恒时,这怎么可能发生?如果最初彼此之间没有

旋转，那么碰撞后也不应该有任何旋转。答案是：任何相对于横向、任意选择的参考点的直线运动都是旋转运动。例如，当我走过一棵树，我给它相对于角动量 L= 向量叉积的绝对值 $|r×p|=m·r·v·\sinθ$，其中 m 是我的质量，r 是我与树干的瞬时距离，v 是我相对于树干的瞬时速度，θ 是我的运动线与连接树干的线之间的瞬时角度。很容易从几何上证明 $m·r·v·\sinθ=m·v·r_{min}$，其中 r_{min} 是我走过树时离树最近的距离。如果我在最短的距离（比如 1 米）上抓住树（这是孩子们最喜欢的游戏），这个角动量会迫使我绕着树干做圆周运动，而我的旋转速度正好等于我路过时的速度 v。于是，我用 $L=m·v·r_{min}$ 在树干周围不断继续旋转。

您可能会想，经过数十亿次的擦碰，平均下来总会留下一颗不旋转的行星。虽然您想得没错，但行星的旋转取决于最后一次的大碰撞。我们地球的旋转速度很大程度上就取决于大约 45 亿年前与忒伊亚（Theia）[1] 的最后一次大碰撞。这就是行星以不同速度旋转的原因。

---

[1]　太阳系中曾经有过的一颗星体，一般认为该星体与地球发生过碰撞，形成了现今的月球。——译者注

旋转就是旋转，无论是以何种方式

总而言之，旋转（无论是围绕另一个物体公转还是自转）是一种在引力影响下进行的直线运动。此处，引力可能不同。电子围绕原子核旋转是因为受到了静电引力的吸引。因为所有的自转都是一样的，所以最终只有太阳系中所有天体的总自转才算数，而且还必须与云的随机初始自转一样大——对于专家们来说：极少数原始太阳的极锋喷流离开太阳系并带走一些角动量除外。如果初始自转为零，那么最终所有行星和太阳的左旋（逆时针旋转），即轨道运动加上自转，必须等于所有的右旋（顺时针旋转）。

这就是旋转产生的原因：巨大的气体或尘埃云的一小部分经过气体云的另一部分。最初的相互引力意外地产生了轻微的右旋。例如，我们的太阳系就是由此开始整体右旋的，而行星的旋转也可以根据不同的碰撞情况发生左旋。云的其他区域形成了可能整体左旋的恒星系统。但是，所有的恒星系统都围绕着大质量中心（也就是黑球以及嵌入其中的黑洞）顺时针旋转，因为巨云本身最初也有轻微的初始自转，这可能来自另一个巨云的擦碰……

角动量为什么守恒?

问题依然存在:为什么旋转——物理上称之为角动量——在我们的世界中是守恒的?为什么地球最终不会直接落到太阳上?为什么宇宙中存在动量、角动量和能量守恒?它们是我们宇宙的全局空间属性。诺特定理指出,空间的各向同性(宇宙在每个空间方向上都具有相同的性质)需要角动量守恒。这是经典力学的解释。从量子力学的角度来看,真空的均匀性和各向同性,准确地说是它的希格斯场,导致有质量物体的均匀性和各向同性惯性。直线运动的惯性导致动量守恒,而旋转运动的惯性一方面导致离心力,另一方面导致相应的角动量守恒。

简说黑洞

黑洞非常奇怪：虽然只有针尖那么大，但是它让时钟走得异常，就连光也无法逃脱它。这是怎么回事呢？

要理解黑洞，首先要对空间曲率和时间曲率，即所谓的时间膨胀，有一个基本的认识。关于空间曲率，我已做过详细解释。时间膨胀，则是狭义相对论的一个重要结果。现在，如果这些您听起来很陌生，请您在继续阅读之前回顾"爱因斯坦三部曲"章节的内容。

我们宇宙中的每一个点质量，比如一颗恒星，都会在时空结构中留下一道疤痕。关于这一点我们已经有所了解。质量越大，疤痕越大。空间疤痕是空间正曲率，随质量增加而扩大。在二维空间中可将其视为一个漏斗（参阅"什么是引力？"一节）。在我们的三维宇宙中，可将其视为从四面八方向质量增加的空间压缩。空间压缩在物质的表面最大，在物质内则再次线性减小，直到在物质的中心处变为零。时间亦是如此。在恒星或行星的表面，时间受到最低限度的压缩，因此表面的运行速度比远离表面时要慢。

国际空间站上的时空曲率

因此，当我乘坐联盟号（*Soyuz*）火箭飞往国际空间站时，我在发射台上的时间短了一点（空间压缩），而我的时间比我在太空中飞出时走得慢了一点。相反，随着联盟号在太空中加速，我的时间变慢了。这是狭义相对论的结果。由于时空曲率，时间在远离地球的地方走得更快，但是由于联盟号和国际空间站的高速运行，时间膨胀了大约 10 倍。所以总的来说，在太空中飞行，速度的影响压倒了时空曲率对时间的影响，这就是为什么我在那里的时间总体上比较慢。如果将这个延长的时间整合到典型的 6 个月国际空间站任务当中，那么当宇航员，例如最近，亚历山大·格斯特（Alexander Gerst）在完成任务后返回地球时，总的时间差一共是 4.6 毫秒。这意味着，他的手表比留在地球上的手表慢了 4.6 毫秒。也就是说：宇航员乘坐宇宙飞船前往了那些待在家里的人的未来。

终结于质量

行星或恒星的质量越大，其周围时空曲率的影响也就越大。但是，质量密度也很关键。因为如果物质受到极度挤压，例如在恒星内部、超新星爆炸或是欧洲核子研究中心大型强子对撞机中基本粒子的正面碰撞，那么被挤压物质表面上的空间曲率就会增加。然而，空间曲率的增加也意味着引力的增加，从而增加了自挤压。在极强的外力作用下，质量被如此紧密地挤压在一起，最终在自身引力的作用下坍缩为一个数学点。请注意，整个行星或恒星的全部恒定质量都集中到了一个针尖大小的点上！根据广义相对论，这是有可能发生的。当爱因斯坦自己意识到可能存在这一令人难以置信的事情时，他认为是他的方程出了错。我们今天知道这样的事情是可能的！在数学中，这被称为孤立奇点，物理学家则称之为黑洞。

黑洞为什么是黑色的？

黑洞？是有什么黑色的东西吗？对此，我们需要仔细观察奇点及其周围的空间。我们已经看到，空间曲率一直增加到表面，并且与表面的质量密度成正比。由于奇点处的密度是无限大的，所以空间曲率和万有引力也无限大。无限就是非常非常多！没有什么能够逃脱无限的引力。正如我们已经知道的那样，既不存在落入黑洞的质量，也不存在落入黑洞的光粒子，虽然光粒子没有质量只有能量，但是由于 $E=mc^2$，光粒子也表现出与质量类似的行为。然而，由于光粒子的能量有限，只需要有限的力就可以让它在黑洞周围的轨道上运行，直到它最终落入黑洞。而这种极限引力必须存在于距离黑洞一定距离的地方。该距离则完全取决于黑洞的总质量。如果地球坍缩成黑洞，这个距离将只有9毫米，而坍缩的太阳则需要3千米的距离。黑洞周围的这个距离形成了一个球面，即事件视界。

发光物质旋转着从外部落入黑洞。其中部分物质通过两个极点（蓝色涡旋）再次被放出。黑洞以事件视界（黑色球体的边缘）为界。黑洞的质量位于黑色球体的正中心。（图片来源：美国国家航空航天局）

事件视界在因果性上将奇点周围的直接部分与外界划分开。因为在视界内发生的每一件事都无法被外界感知到，这是由于光粒子不能将这些信息传达给外界。因此，一些物理学家甚至不再将视界内的部分视作我们宇宙的一部分。因为没有光能从事件视界内的区域逸出，这个球体区域在外界看来是绝对黑色的，因而得名黑洞。但是我们应该永远记住，之所以会有这个黑色的球，是因为有巨大的质量存在于其中心，一个只有针尖那么大的点。

黑洞是这样产生的……

在我们的世界中，产生黑洞的自然过程只有一个，那就是恒星生命末期的超新星爆炸。一方面，如果一颗恒星在其生命末期的质量超过了3个太阳质量并发生爆炸，那么其核心部分会被强烈地向内挤压，于是就会坍缩并进而形成黑洞。另一方面，恒星的演化过程从根本上就不允许有大于约150个太阳质量的恒星存在。因此，作为超新星残余的黑洞的质量最少为3个太阳质量，最多为150个太阳质量。

……于是，它们长到无限大

　　然而，黑洞非常贪婪。任何距离黑洞过近的恒星首先会被其附近巨大引力的潮汐力压碎，然后落入其中。通常，当两颗恒星相遇时，这是不可能的，因为角动量守恒可以防止落入点质量。有趣的是，黑洞周围极强的空间曲率超越了这种机制。任何距离黑洞小于3倍事件视界的天体都将被无情地捕获。结果是，黑洞不断被填满，特别是在恒星最多的地方，即星系中心。于是，我们宇宙中几乎每个星系的中心都有一个巨大的黑洞。我们银河系中心的黑洞已经吞噬了43亿个太阳质量，并将继续这样做。那些一开始仍然沿着自己的轨道远离其银河系中心的恒星最终也会消失。因为数十亿年来，恒星不断地相互靠近，这意味着一颗恒星会被带到更远的地方，甚至被抛出银河系，而另一颗恒星则会向内移动，最终接近位于星系中心的黑洞。据估计，10^{30}年后，我们银河系中三分之二的恒星，其中可能也包括我们的太阳，都会消失在银河系的黑洞之中，而被抛出的三分之一恒星最终会遇到其他星系并消失于其黑洞之中。

　　这也清楚地表明：我们宇宙中的每一颗恒星和每一颗行星最终都会在某个时刻落入黑洞。因此，在大约10^{30}年后，整个宇宙或多或少将仅由黑洞组成。

简说虫洞

虫洞是黑洞和白洞的共生体。原则上虫洞是可能的，但实际上虫洞是不可能存在的，并且人们也无法穿越虫洞。这是为什么呢？

科幻作家和电影，如《星际穿越》等，都很喜欢虫洞，因为他们大大高估了虫洞的真实可能性。什么是真的，什么又是科幻作家的幻想，我们现在就来澄清一下。

要了解虫洞，我们必须暂时回到爱因斯坦的广义相对论场方程（参见"简说爱因斯坦的广义相对论"一节）。 要在数学上解释虫洞，我们必须使用时空度量，也就是使用具体的时空尺度。通常情况下，对一个不带电且不旋转的黑洞进行史瓦西度量，可以获得三个时空几何作为解：黑洞、白洞以及虫洞。

什么是白洞？

从形式上来说，白洞是时间反转的黑洞。如果我们让时间逆向流逝，通过相对论方程可以做到这一点，而且原则上来说广义相对论也是行得通的，那么就可能存在可以吐出大量质量和光的洞。人们将其称为白洞，因为它们在逃逸的光下看起来非常明亮。在物理学上，白洞以与黑洞相反的方式运作，也就是喷出质量和能量。显然，孤立的白洞是不可能存在的，因为没有什么可以被吐出来。从中我们了解到，物理学上的数学解不一定是有意义的。或者，更直接地说：一些正确的数学解也可能是物理垃圾。孤立的白洞正是如此。

虫洞不是隧道

那么，虫洞呢？它们是真实存在的，还是只是数学垃圾？虫洞的一个洞口是黑洞，另一个洞口是白洞。白洞不能单独存在，而是必须与黑洞共生。虫洞的两个开口可能位于两个非常遥远的空间区域，但是它们的内部尖端却可以相互接触，并通过扩张在那里形成一个过渡（见下页图）。

然而，过渡并不是电影中经常出现的隧道。身处过渡区域之中，我们将看不到隧道，尽管这也是下图所暗示的。因为图中二维宇宙飞船（红色箭头）移动的空间是二维表面。二维表面在过渡区域会发生强烈的弯曲，并因此在侧面以圆形方式闭合。从更高维度看起来，它像是一条隧道，但其实只是隧道的边缘。将这种情况转移到我们三维宇宙中的虫洞则意味着，乘坐宇宙飞船的宇航员将只会看到一个完全正常的空间。他不会察觉到有任何弯曲，因为他同时发生了弯曲，直到他向左看，他会在很远的地方（三维环形范围内）看到他自己宇宙飞船的右侧，向右看，则会看到飞船的左侧。

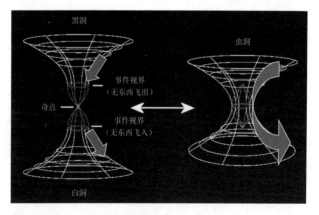

一个黑洞和一个白洞在它们的奇点处相会并扩展成虫洞，反之亦然，但落入虫洞的物体会穿过虫洞。（图片来源：美国国家航空航天局／乌尔里希·沃尔特）

虫洞是爱因斯坦－罗森桥

虫洞就像是一座桥梁，通过一个奇点将时空中两个遥远的空间区域连接起来。因此，虫洞有时也被称为爱因斯坦－罗森桥，因为阿尔伯特·爱因斯坦（Albert Einsterin）和纳森·罗森（Nathan Rosen）在1935年首次描述了虫洞。理论上人们可以想象，以四维方式观察一个全局强烈弯曲的宇宙区域，并在其中两个空间区域之间建立一个这样的桥梁（见左页图右侧）。然后人们就可以从黑洞一侧空间区域的恒星通过虫洞飞到白洞一侧空间区域的恒星。人们会更快抵达那里，不是因为飞过这个洞的速度比光速还快，就像许多人认为的那样，而是因为这个洞是一条空间捷径。宇宙飞船在宇宙空间的任何地方都不能以超光速飞行，即使在虫洞中也是如此。所以，很明显，虫洞是单向通道，人们不能从相反的方向穿过它。

可能存在虫洞吗？

问题是：虫洞是真实存在的，还是只是数学垃圾？答案比白洞更难。因为虫洞不违反其他物理学原理，所以它们不是数学垃圾。那么，它们是真实存在的吗？要回答这个问题，人们必须首先澄清这样一个问题，即是否存在这样一个虫洞会出现的过程。这是值得怀疑的，因为正如我们之前所看到的，理论上不存在孤立的白洞，因而也不能简单地将其连接到一个黑洞上，形成一个虫洞。虫洞必须以某种方式在宇宙过程中作为一个整体出现。然而，迄今为止，人们对这样的过程还一无所知。

虫洞是致命的捕鼠器

目前，我们听到的都还算是好消息。现在则有一个坏消息：即使某处真的有一个虫洞，它也是动态的，因为极其不稳定而令人不安。这意味着哪怕是最小的扰动，例如航天飞船驶入黑洞，也会破坏它的稳定性，从而发生白洞与黑洞分离。正如我们已经知道的那样，白洞本身是无法存在的，它会自我解体。剩下的航天飞船则像被捕鼠器夹在黑洞中，一边是奇点，另一边是不可逾越的事件视界。在几分之一秒内，奇点的潮汐力会将整个航天飞船撕裂成单个原子。因此，我在这里奉劝各位星舰舰长务必要避开虫洞。

到目前为止，所有对虫洞的解释都建立在坚实的物理学基础之上。在下一节中，我将解释是否以及如何用相当可疑的负能量来稳定虫洞。

负能量可以稳定虫洞吗?

虫洞是致命的捕鼠器。负能量可以稳定虫洞吗，就像《星际穿越》电影所暗示的那样?

尽管原则上虫洞是可能存在的，但是它们非常不稳定，以至于最轻微的扰动都会使它们立即瓦解，由此产生的黑洞则会利用潮汐力将事件视界以内的一切都撕裂成单个原子。

然而物理学家们不会轻易放弃。1988 年，迈克尔·S. 莫里斯（Michael S.Morris）和基普·S. 索隆（Kip S.Thorne）思考了是否可以以及如何稳定虫洞，并将想法发表在他们著名的文章《时空中的虫洞及其在星际旅行中的应用：一个教授广义相对论的工具》[1] 中。

———————————

① 　原文详见 http://bit.ly/2bTzPLh。

什么是负能量?

莫里斯和索隆的想法是用"奇异材料"来稳定虫洞隧道。事实上,他们所说的奇异物质是指负质量或负能量粒子,如果存在这样的东西的话。每天在我们身边都围绕有正质量或正能量粒子,例如我们体内的原子和我们看见的光粒子。与此相反,反物质虽然也由正质量和正能量粒子构成,但是反物质在其他方面具有与普通粒子完全相反的性质,即相反的电荷。正电子是电子的反粒子。当两者相遇时,它们相互抵消,它们共同的正质量和动量则在两个波粒子(伽马光子)中被释放出去。

负质量或负能量粒子是普通粒子的反粒子,但是具有相同的负能量。到目前为止,这些纯粹是假设的粒子。如果一个负质量粒子,或者一个(根据 $E = -mc^2 < 0$)负能量粒子,撞击一个具有相同正质量或正能量的普通粒子,即 $E = mc^2 > 0$,那么它们也会相互抵消,并且 $-mc^2 + mc^2 = 0$。也就是什么都没有!因此,负质量或负能量粒子是我们宇宙中的能量洞。如果一个普通粒子落入那里,则什么都不会留下。

负能量的原理

我们的宇宙中可能存在能量洞吗？因为洞被定义为没有东西的区域，所以我们首先需要准确了解洞的周围是由什么材料构成的。目前，这些材料是指我们宇宙中空着的部分。然而，根据量子物理学，它并不完全是空的，而是充满了真空涨落。这些波动是真空噪声，关于这个我已在"什么是暗能量？"一节中有所描述。由于噪声是一种能量形式，而真空中所包含的能量可能就是我们正在寻找的暗能量，该能量使得我们的宇宙不断膨胀；但是，我们无法获得这种真空能量，因为它代表了真空的基态。为了让您更好地理解这一点，我将使用一个比较。在一个虚构的、拥有数座山的完美球形地球的引力场中，地面代表了我们通常可以到达的最低点（基态）。当我开着车位于其中一座山上时，相对于基态，我充满了正能量。我也可以通过让汽车滚下山而获得正能量。但是，当我处于最低点时，理论上我在引力场中还有正能量，我得不到正能量，除非我在地上挖一个洞并让汽车滚下去。

如何获取负能量?

是否可以在真空中开一个洞以创造这样一种状态,从而产生出低于真空基态的能量?如果这是可能的,那么这个洞就拥有负能量。有趣的是,这确有可能。借助"卡西米尔效应",两个相距小于 1 微米的平行板之间的真空可以被大大降低。然而,为了能够以这种方式产生特定的负能量,人们需要施加至少同样多的正能量。因为要想获得洞的能量,首先得要挖洞!由此,可以得出:

1. 要获得负能量,必须至少,如果不是更多,消耗同样多的正能量。

2. 物理学表明:如果想要在时间上将负能量与正能量区分开——对于卡西米尔效应,这个时间间隔为零——那么,负能量时间点和被正能量抵消之间的时间越长,所消耗的正能量也就越多(即量子利息)。

如何用负能量来稳定虫洞?

根据上述第二条规则,将负质量或负能量传输到虫洞几乎是不可能的。但此外，还有其他实际问题。莫里斯和索隆在他们的论文中表明，负能量虫洞稳定的前提是，我们银河系的 1000 万个星系作为正能量在一年内产生与虫洞一般大小的负能量。并且这种负能量必须正好位于虫洞的中间，作为一个能量带，厚度只能有 10^{-19} 米——质子直径的万分之一！试问，如何在事先不出现的情况下，将如此庞大的负能量恰好放置在虫洞的正中间呢？

此外，还有一个问题……

也许根本就不存在可传输的负能量？！即使有，宇宙飞船能够在其附近存储和引导所需的质量和能量，大约 100 万个太阳质量，也是不合逻辑的。在一个相对较小的空间里存在这么多的质量会立即产生出一个黑洞，宇宙飞船是在自掘坟墓。也许在这种情况下，最好是绕着我们的宇宙走更长的弯路，到达宇宙飞船真正想要到达的地方。

我们平坦的宇宙有多大?

尽管我们的宇宙可以发生任意弯曲,但它实际是一个欧几里得平面,像比目鱼一样平坦。这是巧合还是必然?

在"简说爱因斯坦的广义相对论"一节中,我解释了宇宙空间可以发生全局任意弯曲,却又声称我们宇宙的弯曲是不可测量的,即从更高维度看时,我们的宇宙像比目鱼一样平坦。我们是怎么知道这一点的,特别是当我们也一起发生弯曲时,我们怎么可能知道?如果曲率为零,宇宙会有多大?

质量是关键

有两种基本方法可用于确定我们宇宙的全局曲率。首先,根据爱因斯坦的广义相对论,宇宙的所有能量(辐射加上真空能量)和质量(常规物质和暗物质)共同决定了宇宙的曲率。若空间包含的质量——包括转换为质量的能量——少于或多于全局平均每立方米对应的 5.1 个氢原子，则曲率为负数或正数。若每立方米正好有 5.1 个氢原子质量，则宇宙必是平坦的。宇宙学家使用密度参数 Ω 来描述总质量密度，其中 Ω=1 正好对应于这 5.1 个氢原子的质量。为了确定宇宙的曲率，我们只需要通过直接观察来确定所有的质量和能量。但是，我们今天仍然无法做到这一点。因为即使通过望远镜，我们也看不到宇宙中的暗物质和辐射，又如何能够确定其数量呢？

宇宙背景辐射

幸运的是，还有另一种更加准确的方法来确定我们宇宙的整体曲率，即宇宙背景辐射（Cosmic Microwave Background，简称CMB）。对此，我已在"发现大爆炸的回声——耸人听闻的发现还是无事生非？"一节中做过简要描述。宇宙背景辐射是宇宙大爆炸后原始等离子体重组时产生的辐射。那时，宇宙的温度超过 3000℃，所有的物质都以等离子体的形式存在。由于当时宇宙极度强烈地膨胀，等离子体冷却下来。大爆炸后 38 万年，当温度降至 3000℃以下时，电子与等离子体中的离子复合，形成中性原子，从而产生复合辐射。从那时起，这种辐射一直在整个宇宙中自由地传播，如今我们将其视为宇宙背景辐射并对其进行测量。当时，等离子体由于质量密度和较不稳定的功率关系而具有一定的周期性密度分布，因而这种密度分布也被印在宇宙背景辐射上，颜色温度略有不同，我们今天仍然可以看见其颗粒状的分布（见下图）。

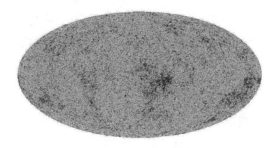

整个夜空的全方位热图像，即宇宙背景辐射的温度分布（颗粒）。其中，较亮区域意味着比平均 2.73 开尔文的色温稍高，较暗区域的色温则稍低。数据来自普朗克太空望远镜的摩尔威德投影。（图片来源：欧洲空间局）

颗粒（小点）的直径对应大约 1° 的角度，大约是月球直径的两倍。如果我们测量宇宙背景辐射的平均粒径（傅里叶变换），就可以确定当时宇宙的质量密度，并且由于从那时起宇宙就在不断膨胀，也可以确定今天宇宙的质量密度。它是 5.1 ± 0.1 氢原子质量或 $\Omega = 1.00 \pm 0.02$。也就是说，在 98% 的测量精度范围内，今天我们宇宙拥有一种可以创造出一个完美平坦宇宙的质量密度。更重要的是，颗粒的亚结构提供了有关常规物质和能量（4.9%）、暗物质（26.8%）以及暗能量（68.3%）比例的信息，而且准确率也同样高达 98%！

我们的宇宙有多大？

2% 的测量误差允许我们的宇宙发生略微正弯曲，并因此在假设的四维空间中呈现为闭合的球形。由此估计我们宇宙的最小直径应为 780 亿光年。也就是说，我们的宇宙至少有 780 亿光年那么大或者更大，甚至无限大。然而，在这个宇宙中，我们只能看到可观测宇宙。这是宇宙的一部分，我们可以从中看到星系的光。观测视界，也就是我们无法看到的宇宙其余部分的界限，在各个方向上都距离我们有 460 亿光年之远。观测视界之外的星系在大爆炸暴胀后距离我们超过 138 亿光年，即大爆炸后 138 亿年，这就是它们的光直到今天仍然没有到达我们地球的原因。由于自大爆炸以来宇宙不断膨胀，这些前沿星系现在距离我们有 460 亿光年之远。

平坦的宇宙是巧合吗?

因为我们的宇宙可能拥有每一种质量密度和空间曲率，所以使我们的宇宙绝对平坦的密度值恰好出现了，这听起来有些奇怪。这纯属巧合还是事出有因？今天，大多数宇宙学家认为，大爆炸后的暴胀就是对该疑问的解释。在宇宙大爆炸后紧接着就发生了极强烈的膨胀，使一个球形、封闭的宇宙膨胀到了我们今天可观测到的宇宙，且这个宇宙看起来是平坦的。然而，这个解释少考虑了一点，即宇宙在大爆炸时可能就已经是双曲线形或欧几里得平面形，而这个无限大的宇宙只会继续膨胀——一个膨胀着的无限的宇宙只能永远是一个无限的宇宙！最终，暴胀只解释了为什么可观测到的宇宙几乎是平坦的。实际上，整个宇宙可能有一个轻微的正曲率或负曲率，而且宇宙可能大得多（如果不是无限大的话）——相当大，特别是在接近末尾处。

空间曲线——
我们的宇宙是什么样子的?

我们知道，我们的可观测宇宙像比目鱼一样平坦。但是这对整个宇宙的形状意味着什么?

所有空间，包括我们的三维空间，都是可以弯曲的。而且弯曲可以发生在局部区域，例如当太阳或地球的质量使它周围的空间发生弯曲时（压缩和膨胀）。这个空间曲率的梯度就是吸引其他质量的引力。

可观测宇宙

但是，一般而言，"我们宇宙的曲率"，不是指这些非常局部的空间曲率，也不是指一个星系或整个星系团的曲率，而是指可观测宇宙，甚至是整个宇宙的曲率。可观测宇宙是整个宇宙中我们可以观测到的部分，亦即我们通过望远镜能够看到的宇宙部分。如前所述，该区域是一个半径为 460 亿光年的球体。但是，为什么是 460 亿光年呢？

我们现在知道，我们的宇宙一定非常大，我们周围就有至少 780 亿光年，宇宙可能还要大得多，甚至无限大。138 亿年前，光开始传播。因此，距离我们不超过 13.8 光年的恒星和星系发出的光如今到达了我们。我们还看不到那些距离我们更遥远的恒星和星系发出的光，因为它们的光还没有到达我们。然而，有些星系的光在 138 亿年后才刚刚到达我们。由于宇宙膨胀，这些星系在此期间离我们越来越远，如果准确计算的话，它们现在距离我们不是 138 亿光年，而是 460亿光年。

曲率来自质量

同来自恒星和星系的光一起抵达我们的还有宇宙背景辐射。宇宙背景辐射是可观测宇宙中所有质量和能量的指纹，以恒定辐射的形式出现。该辐射的值在宇宙学中用希腊字母 Ω 或 Ω_{tot} 标记。根据爱因斯坦的广义相对论，质量和能量也决定了宇宙会发生大范围弯曲。根据目前的普朗克数据，$\Omega = 1.000 \pm 0.009$。这对应于每立方米 5.1 个氢原子，这正是使我们的可观测宇宙绝对平坦的临界质量（根据广义相对论），也是 Ω=1 的含义。如果 Ω > 1，即有更大的质量，宇宙会像球体一样发生正弯曲（球面曲率）。如果 Ω < 1，即质量较小，则宇宙会呈负双曲线弯曲状。下图显示了二维空间（曲面）的三种曲率可能性。我们只能在三维中想象这些曲率类型。当然，没有人能够做到这一点，但是这个类比至少说明了我们的三维空间也可以以三种方式发生弯曲。

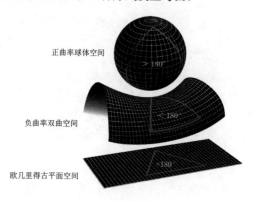

正曲率球体空间   > 180°

负曲率双曲空间   < 180°

欧几里得古平面空间   =180°

具有不同三角形内角的二维空间发生弯曲的三种可能类型。（图片来源：美国国家航空航天局 / 乌尔里希·沃尔特）

如何确定总曲率？

空间曲率的问题在于，空间既可以通过拉伸和压缩发生内在弯曲，也可以发生外在弯曲。后者即是我们从外部观察到的空间表面的弯曲。内在曲率和外在曲率共同给出了空间的总曲率。

　　确定总曲率的一种简单方法是测量任意三角形的内角之和。在欧几里得平面几何中，内角和必须为180°。在球面空间中，三角形内角和大于180°，而在双曲空间中则小于180°。（见下图）

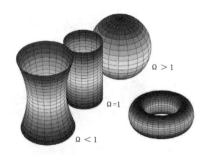

无限长的圆柱体可以是平面的（Ω=1）或双曲线的（Ω＜1）。但是，诸如圆环（Ω=1）之类的平面几何形状也可以是有限且封闭的（图右）。球面几何形状（Ω＞1）总是有限且封闭的。（图片来源：尼科瓜罗，知识共享组织1.0/乌尔里希·沃尔特）

平坦，但是弯曲！

　　我们已经知道，我们的可观测宇宙几乎是平坦的。然而，根据内在和外在曲率，即使空间是外在弯曲的，它也可以是平坦的。直筒就是一个很好的例子（见上页图中间的圆柱体）。显然，圆柱体上三角形的内角和是 180°。从这个意义上说，圆柱体在几何上是平的！这可能会让人感到困惑，因为圆柱体的外侧完全是弯曲的，但内角和是 180°，因此 Ω= 1。相反，如果我们只知道可观测宇宙的 Ω= 1，我们就不会知道它是外在还是内在弯曲！

更糟糕的是，圆环上三角形的内角和也是 180°！因此，圆环在几何上也是平的。就像一个扁平的圆柱体，一个扁平的圆环也是无穷无尽的（无论怎样移动，都没有尽头），却是大小有限的。处理全局几何结构的数学分支被称为"拓扑学"，该学说认为三维空间中有 10 个有限的、平坦的、封闭的几何图形（比伯巴赫群），其中只有 6 个适用于我们的宇宙（因为对专家们来说这些图形是可定向的），当中就包括三维环面。

像疯人院一样的宇宙？

因此，即使宇宙的其他部分是绝对平坦的，我们的宇宙尽管无穷无尽，但其大小可能是有限的。也就是说，如果我们朝一个方向飞去，会在很长一段时间后从相反的方向再次回来。但是，我们也可能生活在一个无限大、无限平坦的宇宙当中，就像一个无限大的桌面，这是目前大多数宇宙学家所相信的。

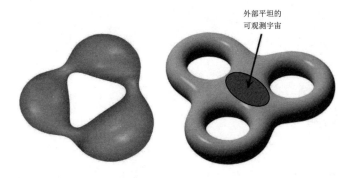

外部平坦的
可观测宇宙

具有不同内在和外在曲率的单个（左）和三个（右）相连空间的几何图形。我们的可观测宇宙可能位于外部平坦的部分。（图片来源：奥列格·亚历山德罗夫，公共区域 / 乌尔里希·沃尔特）

上述都是些最简单的情况。也可能在可观测的范围外，宇宙其他部分具有不同的质量密度和曲率。如果是这样的话，宇宙其他区域则可能发生任意弯曲，甚至会多次连接，像瑞士奶酪一样有许多的孔（见上图）。我们可以在那里设想最奇妙的几何图形；但是，要在更高的维度上思考：四维空间中的三维几何图形！

发现类地行星，外星人在哪里？

开普勒 -438b 和开普勒 -442b 被认为是两颗类地行星。那里会有外星人存在吗？

2015 年 1 月 6 日，美国波士顿哈佛 - 史密松森天体物理中心的一个研究小组宣布发现了 12 颗系外行星，其中 2 颗，即开普勒 -438b 和开普勒 -442b，据说与地球非常相似。现在每隔几个月就会有发现类地行星的轰动性新闻传出。然后很快就会有广播电台打电话给我，他们想要知道研究人员实际发现了些什么，这又是否证明了外星人的存在。而这样的消息会在数小时内通过诸如 N24 或明镜在线等线上媒体传播开来。

首先，最重要的是：不，这些发现全部都不是证明外星人存在的哪怕最轻微的证据。不过，我稍后会说到外星人。

人们是这样发现系外星系的

那研究人员究竟发现了什么呢？对此，我们首先需要了解研究人员实际测量的内容。他们翻遍了著名的行星猎手开普勒太空望远镜的一些数据——该望远镜专门为此而建造，但目前已不再正常运作（没关系，之前的大量数据足以供一代行星猎手使用）——并选出了几颗可能拥有类地行星的恒星系统。人们可以从中获得许多发现。但是，对开普勒数据的分析是一项相当费力的工作。人们必须非常仔细地观察每一颗星体呈现出来的光。如果在某个时刻它仅减少 0.1‰，就有可能是一颗行星从恒星面前经过，从而使得恒星略微发暗。但是为了测出只有 0.1‰ 的遮光效果，就得对已经极其微弱的星光进行长时间的测量。此外，除了被行星遮蔽，还有可能是被恒星表面上的一个点遮蔽，例如太阳黑子。

一旦研究人员克服了这些障碍，他们就能够确定这颗行星有多大以及该行星围绕其母星恒星旋转的距离。在获得了有关恒星的数据后，接着就可以根据行星直径遮蔽部分的大小、反复出现的遮蔽周期以及开普勒第三定律，确定恒星的轨道半径。

好的类地行星有什么特点？

通过这种方式，人们已经在围绕太阳 50 光年甚至更远的半径范围内发现了 26 颗类地行星，即岩石行星。但这并不意味着什么，因为人们想要知道这些行星中哪些可以承载生命。这是基于生物生命以碳为生命基础的假设。在下一小节"类地行星上的生命？"中，我会表明，这是一个很好的假设。然而，碳基有机化学需要液态水作为溶剂。因此，包括我们在内的每个人的身体，大部分都是由水组成的。不喝水，我们可能三天内就会死去，但不吃饭我们三周后才会死去。宇宙中有大量的水，在行星上也是如此。但是，如果行星距离它的恒星太近，所有的水都会被蒸发掉；如果离得太远，所有的水又都会结冰。因此，每颗恒星周围都有一定的距离范围，在该范围内水才是液态的。这个区域被称为宜居带。

关键的问题是，迄今为止所发现的岩石行星中有哪些处于宜居带？答案是：我们知道有 10 到 20 颗行星位于宜居带，并且与地球相似。其中排在第二位的就是开普勒 -438b，而排在第五位的则是开普勒 -442b。因此，所谓的轰动性事件自有其局限性。

类地行星上的生命？

生命，尤其是高级生命，会自动出现在宜居带中的每一个类地行星上吗？这是一个有难度的问题。因为我们还不知道哪些条件是生命出现所绝对必要的，目前我们只知道一种情况，即我们自己。然而，进化生物学家至少还知道，稳定的气候环境对于高级生命的出现至关重要。因为月球使地球的自转轴稳定了数十亿年，在所有纬度上都创造了恒定的气候条件，所以月球保证了地球上拥有稳定的气候。

但良好的气候环境还需要另一个重要的条件——特定的行星自转。只有在均匀旋转时，行星上所有的区域才会接收到相同的热量。地球完美地做到了这一点，它在围绕太阳旋转一周时会自转365圈。但这并不是理所当然的。例如，我们的月球只会在绕地轨道上自转一圈，这就是为什么它总是一侧朝向我们。月球的这种自转被称作1∶1同步自转（或潮汐锁定）。当卫星太过靠近它的行星，或者行星距离它的恒星太近时，就会发生这种情况。然后，所谓的潮汐力会猛烈拉扯行星，使其陷入1∶1的锁定状态，然后生物生命就结束了。因为到那时，行星的一侧总是朝向恒星，变得无比闷热，而另一侧则总是背向恒星，变得无比寒冷，如果行星上没有大气层，通常就只有 -200℃。

　　即使这颗行星有大气层，也好不到哪里去，因为随后不断有风暴以每小时 100 千米的速度刮过地表。虽然这在某种程度上平衡了行星正反面的温度差，但是对于高级生命来说这毫无意义。一些研究人员猜测，至少原始生命可能出现在正反面之间较为温和的过渡区域，特别是在最终可能形成的海洋深处。但是，谁又知道呢……

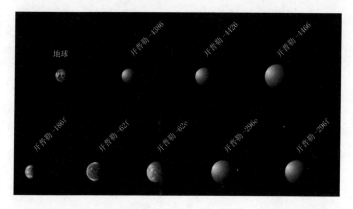

截至 2015 年发现的 8 颗类地系外行星。（图片来源：美国国家航空航天局 / 喷气推进实验室）

开普勒 –438b 和开普勒 –442b 是怎样的行星呢？

开普勒 –438b 位于宜居带的内边缘，平均地表温度为 0℃～60℃。然而，它与其恒星的距离比地球和太阳近了 6 倍，受到了明显的潮汐锁定影响。实际上，仅此一点人们就可以忘掉这颗行星了。而开普勒 –442b 位于宜居带的外边缘，平均地表温度为 -40℃，且正好处在潮汐锁定的外部界限上。它可能被锁定了，但也可能没有。

因此，这两个受到媒体高度评价的行星实际上都不是高级生命的最佳候选者，更不用说存在什么智慧的外星生命了。当然，也有人声称地球上本也没有智慧生命。

就让我们再等等看吧，未来肯定还会有轰动的类地行星发现，说不定哪天就会有一颗真正优良的类地行星出现。那时才是真正的轰动新闻。

我们海洋中的水从何而来？

2015年2月，罗塞塔号（Rosetta）和菲莱号（Philae）彗星空间探测器的第一批科学成果出版了。其中最为有趣的结论是：地球上的水不是来自彗星。那么，地球上的水从何而来呢？

20世纪60年代末，当我还是个小男孩时，我就对海因茨·哈伯（Heinz Haber）教授感到很着迷，他作为物理学家首次在许多电视节目中以非常简单的方式让观众更加接近自然科学。其中就包括他的13部系列片《我们的蓝色星球》，他在该片中解释了我们地球的发展史和生命起源。我清楚地记得，他在演播室里拿着一桶水，向观众展示，如果在地球45亿年的历史中每隔几天就有一颗彗星撞击地球并给地球带来几立方米的水，那么结果就正好是我们今天海洋所含有的水量。这对我来说非常具有说服力，以至于直到最近我都还对此坚信不疑，尤其是自从20世纪50年代以来人们就知道彗星主要是由水构成的。

最初的水在哪里?

我们可以设想一下当时的场景，该场景大体上也延续到了今天：在我们的太阳系形成的过程中，原始云中的氢气塌缩为太阳和气态行星木星和土星，尘埃则塌缩为内部岩石行星，包括水星、金星、地球和火星。许多水分子——氢、氦和氧是我们宇宙的三个主要组成部分——最初要么在行星上凝聚出来，要么在所谓的冰线以外结晶出小冰晶。冰线是气体温度降至0℃以下且水蒸气凝结成冰晶时与太阳的距离。今天，冰线大约位于太阳系中的小行星带和木星之间的区域。这种冰的数量应该是岩石行星的数倍。大部分水被冰线外形成的大型气态行星吸收。少部分水则聚集成柯伊伯带中的小行星和短周期彗星，以及被木星和土星抛入奥尔特云的长周期彗星。又或者在内部岩石行星上凝聚出水，但是因为这些内部岩石行星最初是炎热的液态岩球，所以它们失去了最初所有的水分。此外，最迟随着忒伊亚的撞击，在地球形成约4000万年后，此前地球上可能存在的每一点大气都已被撕下。因此，地球本身是不可能携带任何水的。

彗星是否给地球带来了水？

　　小行星往往被认为是岩石体，彗星则一直被认为是肮脏的雪球，这可能是因为直到 20 世纪 80 和 90 年代，人们都还以为地球上海洋中的水是在地球形成后最初的几百年内由彗星撞击造成的，而这些彗星从其诞生时起就在太阳系中漫游。

　　对该想法最初的怀疑来自对奥尔特云中的可观测彗星，如 1995 年发现的海尔－波普彗星，尾部中水的氘氢比的测量。氘是氢的同位素，在地球上的比例为 0.15‰，即每 6700 个氢原子就有 1 个氘原子。然而，人们发现当时的比例大约是我们海水的 2 倍。从那以后，科学家们就倾向于相信这些水来自早期的小行星撞击。然而，近年来，人们发现柯伊伯带的一些彗星具有与我们的海水大致相同的氘氢比。

　　2015 年 1 月 23 日，事情变得更加混乱。当天，《科学》杂志的一期特刊发表了罗塞塔号和菲莱号空间探测器的第一批科学成果。其中一篇论文来自瑞士科学家阿尔特格教授，他在文章中称，来自柯伊伯带的 67P/ 楚留莫夫－格拉斯门科彗星的氘氢比比我们的海水大 3 倍。因此，我们海洋中的水不可能来自像 67P 这样的彗星，不是吗？

当时可能是怎样的?

那么，我们的水究竟是从何而来？我认为问题不在于无法查明来源，而在于以为只有一个来源。如果放弃只有单一来源的想法，那么整件事情就很容易解释了。原始云的氘氢比约为 0.02‰，比我们的海洋低 8 倍左右。然而，这种水，主要是含氢的水，大体都被我们的太阳和气态行星吸收了。余下的具有 15 倍氘氢比的水聚集在太阳系边缘的小行星和彗星中。在地球形成 7 亿年后，地球的发展随着大爆炸完成，但是不只有彗星和小行星撞击过地球。在这段漫长的时间里，太阳风也将大量几乎纯净的氢带入行星际空间，这些氢沉积在尘埃颗粒上并在那里形成水。这些尘埃颗粒落入地球也有数十亿年的时间，从而将我们海洋中来自小行星和彗星水的氘氢比从 0.3‰ 降低到了 0.15‰。

总的来说，海因茨·哈伯教授是对的，但在科学史上，细节通常会更复杂一些。谁知道呢，几十年后可能会有更多的细节被揭露出来，进一步完善这幅画面。但是与往常一样，这一基本结果不太可能会被推翻。

宇宙的终结——
宇宙大撕裂

如今，每个小学生都知道我们宇宙大爆炸的故事。但是它会如何结束？在大撕裂中吗？

138亿年前，发生了宇宙大爆炸，我们的宇宙突然从无到有，并且在不停地膨胀。迄今为止，在我们能看到的宇宙部分已经形成了约1000亿个星系和100万亿个太阳系，其中只有10%左右是我们今天仍可看见的。一切都在相互飞离，且越来越远，人们不禁发问，这一切会如何结束呢？

是什么改变了密度？

原则上，事情很简单。我们宇宙的膨胀因质量之间的相互吸引而减慢。如果整个宇宙的平均质量密度是每立方米

5.1 个氢原子，那么引力就会非常大，以至于膨胀会永无止歇，宇宙也永不会再坍塌。

如果密度大于 5.1，引力将克服膨胀，我们的宇宙也将再次坍缩，并最终变成一个点。如果小于 5.1，那么宇宙将永远继续膨胀。

自 2013 年以来，我们就已经知道我们宇宙的具体质量密度了。您不会相信，答案是每立方米 5.1 ± 0.1 个氢原子。有人可能会认为，一个对我们的宇宙了如指掌的人已经非常精确地设定了这个极限。或者，也有人赞同阿兰·古斯（Alan Guth）的说法，他于 1981 年提出了大爆炸后的暴胀阶段理论 [1]，并以此来解释这种奇妙的巧合。现在您可以猜猜看今天大多数物理学家的信仰了。

真空涨落至关重要

幸运的是，一些观星者注意到宇宙并非完全如此，他们在可观测到的宇宙边缘发现了宇宙膨胀的速度比预期的要快一点。因此，索尔·帕尔穆特（Saul Perlmutter）、布

---

[1]　阿兰·古斯的理论详见 http://bit.ly/1mFsSKO。

莱恩·P. 施密特（Brian P. Schmidt）和亚当·G. 里斯（Adam G. Riess）三位物理学家在 2011 年获得了诺贝尔物理学奖。根据他们的说法，造成这种差异的原因是，虽然质量减缓了膨胀，但是宇宙的真空涨落加速了膨胀（参见"什么是暗能量？"一节）。由于膨胀在密度为 5.1 时处于临界状态，因此只需要很小的加速度就足以让宇宙永远膨胀了。更何况，因为宇宙越来越大，产生越来越多的真空，而真空涨落也在加速，随着时间的推移，加速度逐渐增加，后来越来越快，达到指数式膨胀，最终在某个时刻宇宙将无限快速地膨胀！

大撕裂会到来吗？

如果宇宙膨胀的速度真的达到了无限快，那只能意味着我们今天存在的一切都将被撕裂。例如，我头部的空间会以超光速从我脚部的空间移开。如果宇宙继续膨胀，那么越来越小的东西会被撕裂，直到单个原子都被分解成基本粒子。这种世界末日场景被称为大撕裂。

大撕裂是否真的会发生取决于膨胀状态下真空的确切行为，该行为可由状态方程描述。这是何意？让我们以水的行为进行比较。如果扩大液态水占据的空间，水就会蒸发成水蒸气，其性质与液态水非常不同。真空在空间膨胀过程中是否也会发生"气化"，即呈现为另一种具有非膨胀特性的状态，甚至可能使空间收缩？这个我们现在还不知道。但是未来几代物理学家必定是要澄清这一点的。

万物的终结——
假真空?

作为末日场景的宇宙大撕裂对我们人类来说无关紧要，但可能存在的假真空则不然，因为这种现象会使其他末日场景也黯然失色。

可能的末日场景大撕裂是如此的遥远，似乎与我们人类全然无关。太阳系和人类将经历怎样的末日场景呢？

地球和太阳的终结

我们的地球以及在地球上人类的结局不会像宇宙大撕裂那样蔚为壮观，但是我们绝对知道我们将要面对的是什么。大约 10 亿年后，我们的太阳会慢慢膨胀为一颗红巨星，地球上的海洋将完全蒸发，40 亿年后，太阳最终会把地球吞噬，地球将不复存在。但即使是太阳最终也不会以白矮星的形式永远存在。它要么与另一颗恒星碰撞，被抛出我们的银河系，然后在黑暗的宇宙深处游荡，直到遇见一个孤独黑洞并被它吞噬；要么就是在数万亿年内通过引力辐射降低绕着银河系中心运行的轨道，并最终撞上银河系中心的黑洞。由于所有恒星迟早都会以这样的方式结束，大约 10^{30} 年后，我们宇宙中的物质实际上只会以黑洞的形式存在。

宇宙的临床死亡

然而，这些黑洞并不稳定，而是通过"霍金辐射"不断蒸发。在 10^{66} 年后，恒星黑洞会蒸发殆尽，大约 10^{100} 年后，大型星系中心最大的黑洞也将全部蒸发。到那时，只有光子（电磁辐射）存在，其中大部分是自由电子或束缚在正电子素中的电子和正电子。然后，我们的宇宙将"临床"死亡。只有在这种末日场景中，毁灭性的大撕裂才会真的发生。

我们的宇宙有假真空吗？

其实，还有第三种末日的可能性，其场景远非如此悠然闲适。一个原则上可以发生在现在、明天甚或永远也不会到来的终结，将在很短的时间内消灭整个宇宙。怎么会呢？原因在于真空的特殊性质。量子力学指出，真空不是简单的虚无，而是呈现为特定的状态。真空的能量基态也被称为"真真空"。在这种状态下，真空中充满了不断出现和湮灭的虚拟基本粒子（另见"什么是暗能量？"一节）。可能是持续了 138 亿年的真空膨胀已经改变了真空势能，使得更有利的能量状态成为可能，而我们今天宇宙的真空只能通过隧道效应来实现这种能量状态。果真如此的话，真空中的虚拟粒子将处于所谓的"假真空"中。这纯粹是理论上的设想，但根据我们目前所知，这完全是有可能的。1 立方厘米的假真空将包含 10^{80} 千瓦时的巨大能量——相当于 10^{20} 个我们同类宇宙中至今所有的太阳，即 100 亿年内，所辐射的能量——并且重量为 10^{67} 吨，是整个宇宙的一亿亿倍。今天人们可以确定，这种假真空是大爆炸后宇宙膨胀的原因。激发态的能量部分以热辐射的形式被释放出来，将宇宙加热到 $10^{28}℃$，我们今天将其视为宇宙背景辐射，其中部分辐射转化为产生真实粒子的质量和能量。

突然转变，然后死掉

如果我们的宇宙处于假真空状态，那么在某个时刻会发生以下情况：在宇宙中的某个时刻，一个真空区域会通过隧道效应突然转变为基态，吸引周围的区域围绕其旋转。这样一来就形成了一个真空泡，其边缘以光速扩散，被释放的能量，即每立方厘米 10^{80} 千瓦时，将无情地摧毁存在的一切。20 世纪 70 年代，最初人们对此类气泡可能由人类自身引发，即由基本粒子加速器中的高能碰撞引发的担忧很快就被消除了。数百万年来，地球上层大气中能量更高的宇宙射线也造成了这样的碰撞，但是我们的宇宙依然存在，似乎我们的存在在某种程度上得到了保障。但是，无论如何也没有什么可以阻止真空突然发生转变，然后我们的周围将变成一片虚无。这个结局的好处是人们不会有任何感知，甚至感觉不到这种转变，因为在光速转变下，我们大脑中的神经元也会立即消失，而神经元正是我们产生意识的地方——一种极其人道的死亡方式。

平行世界存在吗？
——弦理论

根据弦理论，可能存在平行世界。2015 年的一项实验就是要弄清是否真的存在平行世界。现在结果出来了……

2015 年 7 月 6 日至 10 日在法国格勒诺布尔发生了一起具有历史意义的事件。这是人类历史上第一个有希望确定是否存在平行世界的实验。为展开这一令人难忘的实验，比利时那慕尔大学的科学家们在世界上最强大的中子源——位于格勒诺布尔的高通量反应堆上进行了测量。实验结果则被发表在著名期刊《物理快报 B》（2016 年 7 月刊）上。

实验装置

谁如果认为这个实验是类似于《星际迷航》的设置，那就完全想错了。这个实验甚至看起来很不起眼（见下图），但它确实非常重要。反应堆堆芯由一个核中子源组成，可产生速度约为 14000 千米／秒的极快中子。这些中子首先被周围的重水箱，即慢化剂，减慢到约 2.2 千米／秒。

位于格勒诺布尔的高通量反应堆（图中的圆柱体）和直径为 270 米的电子储存环。（图片来源：欧洲钠冷快堆／丹尼斯·莫雷尔）

中子通过引束孔道被引导至实验设施。在其他各方向上，大量的轻水（普通水）可保护环境免受中子流破坏（中子流对生物有害）。只有在反应堆之外和将所有东西固定在一起的厚重混凝土墙之外，一个人才能在健康不受损害的情况下自由活动。

可逸出的中子数量虽然在生物学上无害，但其数量如此之多，甚至可能会干扰到实验。因此，中子探测器再次被聚乙烯和含硼橡胶全方位屏蔽，几乎没有中子可以到达探测器。

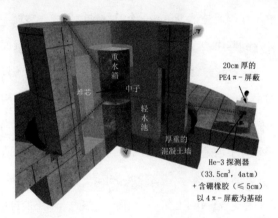

在反应堆中，产生的中子首先在重水箱中减速（慢化）至 2.2 千米 / 秒，然后在下一个水箱被轻水吸收，直至几乎没有中子被屏蔽性极强的 He-3 探测器（右）检测到。（图片来源：M. 萨拉兹等人，2016 年，知识共享许可）

弦理论

为什么凭借这样的装置人们可以找到平行世界？为了理解这一点，我们必须知道我们的世界与可能的平行世界之间存在怎样的关系。与此相关的一个重要理论是弦理论。这个理论的关键在于，我们的世界不是由 3 个空间维度和 1 个时间维度组成，而是至少由 9+1 个时空维度组成。然而，我们只能体验到其中的 3+1 个维度，因为其他 6 个空间维度被卷了起来。这意味着它们已经缩小到直径约 10^{-35} 米的难以想象的普朗克长度。在其他可能存在的平行世界中，所有构成我们和我们身体的基本粒子，都存在于这样一个九维空间当中。这些基本粒子也是普朗克长度的细线（弦）。这包括两种类型的弦，开弦和闭弦。[①] 在这些世界中的所有物质（费米子），连同我们在内，都由开弦组成。然而，开弦的末端不能自由"悬垂"，而是系在细线略微突出的"表面"上。这些表面被称为 D- 膜。在我们的 9+1 维世界中，D- 膜是我们移动的三维空间。当身体在空间中移动时，构成身体原子的弦在表面上滑动，从而在我们的空间来回滑动。

---

① 弦理论认为，构成所有物质的基本单位是"弦"，即有不同振动频率的能量弦线。开弦有端点，闭弦没有端点。——译者注

　　弦理论的基础知识就讲这么多。在下一节中，我将描述我们的 D- 膜世界如何与平行的 D- 膜世界交互，以及我们如何使用格勒诺布尔实验来确定平行世界是否存在。

开弦的末端连着我们的三维世界（D- 膜，此处显示为二维表面），并从二维表面略微突起。（图片来源：罗吉尔伯特 / 维基共享资源）

平行世界存在吗?
——实验

根据弦理论,可能存在平行世界。

一项旨在确定平行世界是否真实存在的实验结果现已公布。

某一平行世界的D-膜

我们的世界作为一个三维D-膜

开弦的末端连着我们的三维世界(D-膜,此处显示为二维表面),并从二维表面略微突起。如果两个相似的世界彼此靠近,一根弦可以从一个世界切换到另一个世界然后再返回。(图片来源:罗吉尔伯特/维基共享资源)

一个世界是一个三维 D- 膜，构成我们世界物质的线（弦）附着其上。这是弦理论的基本前提。因为弦只是附在上面，它们从我们的空间中突出了 10^{-35} 米的普朗克长度，从而形成了九维空间。平行世界应该具有同我们的世界一样的构造。但是平行世界不能和我们的世界直接接触，否则就会成为我们世界的一部分。矛盾由此而生。两个世界之间的所谓因果关系原则上是不可能的，而我们也永远不会从平行世界获得任何信息。

粒子跃迁至平行世界

但是，如果存在另一个平行的三维 D- 膜，即一个三维的平行世界，距离我们的膜世界只有几个普朗克长度，并且从该平行世界里伸出的弦与我们世界的完全一样，那么就可能发生以下情况：一根弦的一端首先连接到平行膜上，然后是另一端，以此方式切换到平行世界。但只有很短的时间，之后它会立即切换回我们的世界。事实上，它会在两个世界之间来回切换——弦理论称其为"振荡"。这种本身被禁止的跃迁类似于量子力学的隧道效应，后者在宏观上也是被禁止的，但在纳米宇宙中的极小距离处却不时发生；这也是放射性衰变的基础。

然而，只有当一根弦与同一 D- 膜上的另一根弦碰撞（弹性散射）并因此从膜上分离时，才会发生跃迁——这点非常重要。弦的切换速度取决于跳到平行世界的距离——距离越短，切换越频繁——以及当时当地的磁势、电势和引力势的大小。实际上，弦的切换频率取决于两个世界之间局部势的差异。

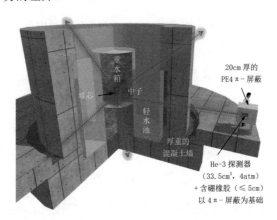

屏蔽性极强的 He-3 中子探测器（右）只能探测到来自反应堆堆芯且同时处于平行世界中，也因此没有被反应堆的重型屏蔽吸收的中子（隐藏的中子）。（图片来源：M. 萨拉兹等人，2016 年，知识共享许可）

可以看出，局部磁场和电场中的电弦将跃迁速率抑制了大约 8 个数量级。因此，由电中性、开弦组成的粒子，如中子，是两个世界之间跃迁测试的理想候选者。然而，我们人类没有丝毫的机会在我们的世界和平行世界之间振荡，因为我们是由大约 10^{30} 个基本粒子组成的。这些粒子绝不会一起切换世界，这在整个宇宙中从未发生过。实际上，也永远不会发生。

检测来自平行世界的中子

但是，对于单个的中子，这是很可能会发生的事。因此，研究人员设置了如下实验装置：反应堆在堆芯产生的中子通量约为每秒钟每平方厘米 1000 亿个中子。装有普通水的水箱和反应堆的混凝土共同进行屏蔽，将 7.35 米外的中子探测器处的中子通量降低到每秒钟仅 60 个中子。探测器周围所有侧面的另一个重型屏蔽（4π-屏蔽）再次将该速率降低至每小时 3 个计数。这就是人们必须忍受的"背景计数率"。理想情况下，计数器所在的位置根本不会有中子。

这和平行世界有什么关系？如果大量的中子分散在慢化剂（重水箱）中，那么其中一个中子最终就有可能进入到平行世界里。在那里，它将毫无阻碍地移动到探测器上的平行位置，通过弹性冲击切换到我们的世界，并被探测器记录下来。

实验的结果是……

　　以上就是有关该实验的全部想法。人们是否在探测器中测量到了来自平行世界的中子？嗯，问题在于每小时 3 个计数的背景计数率。为了从这个背景中脱颖而出，每小时至少要数出 1 ～ 2 个来自平行世界的中子。很遗憾，人们没有看到这些额外的计数。这意味着什么？有两种可能性：要么来自平行世界的中子少于每小时 1 ～ 2 个计数。然后，根据理论家们的说法，平行世界必须超过 87 普朗克长度，即距离我们的世界超过 87×10^{-35} 米远。尽管这看起来极其接近，但在弦的维度上非常遥远。

　　另一种可能性是：根本没有平行世界！假设存在"相邻的"平行世界的前提条件是，我们的九维世界以及其他所有九维平行世界都被嵌入在一个具有额外空间维度的高级世界，即十维超空间当中。这是有可能的，但不一定是这样的。在数学和逻辑上，我们的世界也可以在没有超空间的情况下存在。如果是这样的话，那么原则上就不存在平行世界了。就我个人而言，我相信情况也确实如此。但是，任何证明平行世界的尝试都是十分重要的。因为平行世界确实可能存在，只是比我们希望的"更远"一点罢了。

我们何以是我们
且只能是我们？

人择原理

虽然宇宙极适合我们人类生存，我们也似乎因此而必然存在，但这仍然可能只是一种巧合——弱人择原理。

自信以及无法想象我们不存在，是一种硬性麻醉品。它决定了我们对自己在这个世界上的价值以及对整个世界的日常思考。它导致我们产生强迫性思维，即人类中心主义。

观察选择效应

观察我们的存在而不是我们不存在的可能性（例如，如果我母亲嫁给了她的初恋，我现在就不会在这里了）将导致观察选择效应（observation selection process）。我以前的数学老师曾讲过一个关于从英国服役归来的第二次世界大战战斗机的有趣观察。人们通过检查飞机是否有来自敌方高射炮的子弹，以推断英国高射炮的准确性，然后得出了有趣的结论：除了飞机上精确划定的矩形中心之外，飞机上几乎到处都有弹孔。英国的防空系统是本来就不想击中这个大约1.5 米 ×2 米的区域，还是不能击中它？很快人们就找到了答案。矩形正是飞机油箱所在的区域。如果油箱被击中，飞机就会爆炸，也不会再飞回来。因此，仅对现有存在物的观察（因而排除所有不存在之物）大多会在无意识中限制对所有可能性的观察。

再举一例，1620 年，英国哲学家弗朗西斯·培根（Francis Bacon）是最早思考观察选择效应的人之一。他曾讲过这样一个故事。在一座教堂里，有人向一位陌生人自豪地展示了所有在海难中幸存下来并履行了生存誓愿的人的照片。陌生人被问道，这难道不是一个令人印象深刻的上帝伟大和慈悲的标志吗？陌生人回答说："是的，是的，但是那些宣誓后溺水者的照片又在哪里呢？"培根继续说道："我们的迷信亦是如此，无论是占星术、梦境、预兆还是神的判断。具有如此强烈信念的人只会选择已经实现的例子。那些没有被实现的情况，实际更常发生，却被他们忽视。"今天人们会说，这些人是受到了选择性感知的影响。

请注意选择性感知和观察选择效应之间的细微差别。选择性观察是指通过启动效应和框架效应产生的心理上的选择效应，而观察选择效应不是心理上的，而是纯逻辑的。

弱人择原理

所谓弱人择原理（weak anthropic principle，简称WAP）是指认识到观察选择效应问题以及人类中心主义所引发的逻辑问题，并扭转了人类中心主义的思维方式。弱人择原理有不同的定义，但是没有一个能够说服我。其中我认为最好的定义来自 1982 年人择原理创立者之一的布兰登·卡特（Brandon Carter）："如果我们在这个世界中观察它，那么它一定如它所是！"我想用我自己的话再强调一点："我们不必对我们的存在感到惊讶，世界似乎是为我们而生，因为如果不是这样的话，也不会有人惊讶于我们不在那里。"换句话说，在一个荒凉的宇宙中，没有人会注意到我们不在场。只有当这种非常罕见的巧合发生时，才会引起我们的注意，但我们也不必对此感到惊讶。

其他版本的人择原理

还有许多其他版本的人择原理，特别是卡特著名的强人择原理："宇宙必须具有这些属性才能在其演化的某个时刻产生生命。"这一原则无疑具有目的论特征，尤其是因为"必须"这个词。纯粹目的论的观点可以表述如下：宇宙中的条件正是为了让智慧生命出现而存在的。由于目的论特征以及奥卡姆剃刀定律，强人择原理不能也不会被科学接受。因为科学深信，世界可以通过自身来解释，不需要进一步的超越。这也是弱人择原理所持有的观点。实际上，弱人择原理现已被大多数科学家所接受，其中最著名的就是斯蒂芬·霍金（Stephen Hawking），这也是该原理在过去几年中获得广泛认可的原因。弱人择原理最初来自 1961 年天体物理学家罗伯特·H. 迪克（然而，他并没有这么称呼弱人择原理）。直到 1973 年宇宙学家布兰登·卡特才创造了"人择原理"这个术语，尽管他后来对这个选择感到极为生气，因为"人择原理"这个专业术语暗示了人的重要性，但事实却并非如此。1986 年，随着约翰·巴罗（John Barrow）和弗兰克·蒂普勒（Frank Tipler）杰出的长篇著作《人择宇宙原理》的出版，人择原理在科学界引起了广泛的关注。此书也对我影响至深。

弱人择原理可以解释这个世界

对弱人择原理的一个常见批评是，根据逻辑规则，它必须始终为真，因此具有重言式的特征。虽然这是真的，但重言式也有利于解释。根据波普尔的科学哲学理论，如果一个解释（理论）是可证伪的，即能够做出可以被证伪的预测，那么它就是一个好的解释。这正是弱人择原理可以做到的。一个很好的例子是关于核合成研究预测太阳燃烧的原因。1946 年，弗雷德·霍伊尔（Fred Hoyle）在不知道碳 -12 原子核共振关键细节的情况下，推导出了恒星燃烧的完整核合成循环过程，因为那时核物理学家们还未发现核共振。但是，因为核共振对于碳 -12 原子的形成至关重要，霍伊尔预测："一定存在核共振，否则我们也不会存在。"而核物理学家们之后也确实发现了上述的核共振。

平行宇宙一定存在吗？

弱人择原理另有一个精妙之处，在其他任何地方都没有得到过如此明确的解释，但对于许多科学家来说具有重要的意义。这些科学家们相信平行宇宙的存在，因为他们认为，只有存在平行宇宙才能将我们的宇宙理解为是所有可能的宇宙中的一种特殊选择。对此，他们还指出了一种相似的情况，即我们的星球于极细微的可能性中演化出了智慧生命，但银河系中其他数十亿行星上没有任何智慧生命。然而，弱人择原理并不要求存在其他可能的替代方案，以便将我们难以置信的自身情况理解为一种巧合。人们只需要在物理上设想一下这些替代方案，就会知道对其产生好奇是不可能的。

在宇宙的家中

随着太空旅游的开始，人类的自我认知发生了变化——但是，没有人注意到这种转变。

我们何以是我们自己，而不是其他什么？这个问题可以追溯到数千年前的哲学、神学甚至科学推理的根源。每个人都会在人生的某个阶段发出这样的疑问。它与形而上学的问题密切相关："我们活着是为了什么？"以及"我在宇宙中处于什么样的地位？"

几千年来，宇宙中人类的这种自我认知有些微变化，但基本上保持不变。瑞士作家拉尔夫·博勒（Balph Boller）曾经这样说道："从技术上讲，我们属于太空巡逻队；从道德上讲，我们仍然停留在石器时代。"我们生活在现代，却还是抱有我们文化中延续的古代观念。

古代世界观

古代（西方）世界是这样的：它就是紧邻地中海周围的地中海区域，再远则都是一些无趣的地方。希腊是卓越的人类文明，世界其他地方都是野蛮之所。而这个文明世界的肚脐是德尔斐，一个位于希腊帕纳索斯山的礼拜场所。在那里，预言女祭司皮西娅坐在阿波罗神殿里，将军们可以从她那里得到有关一场大战最有利的时机和预测的结果。然而，预言总是些神秘且押韵的话语。任何想了解那个时代神秘主义的人都应当去参观一下德尔斐，这个礼拜场所绝对值得一去。

然而，错误的想法是：在古希腊人的观念中，地球是一块平板，其边缘只有蓝色的大海，与地平线上的蓝天融为一体，亦即天空是大海的延续，也因为（雨）水来自天空。但实际上，希腊人是极佳的观察者。他们已经认识到，当一艘船消失在地平线上时，人们看到的最后一样东西是桅杆的顶部，并从中得出地球一定是圆形的正确结论。然而，那时许多人以为地球的另一边，即所谓的对跖点①（澳大利亚），是不可能有人和动物居住的，不然他们会因重力而坠落，重力当然总是指"向下"的。也因此，远离地中海的区域都是绝对无趣的。

———————————

① 即地球同一直径的两个端点。——译者注

开明，但绝不聪明

今天，我们足够开明，知道在对跖点也有人类存在，因为向下是相对的。万有引力始终是朝向地球中心的。这是一种与古人格格不入的想法，因为像上下这样的方向对于古希腊人来说是绝对的。下面是地球，中心是德尔斐，上面则是大气层，然后在某个时刻月亮来了，在月球之外，太阳和行星围绕地球旋转。一切显然都在围绕着地球旋转——只要用望远镜仰望天空，就能看到这一切。所有这些迹象都清楚地表明，地球是上帝创造的宇宙的中心。

然后是自我意识的暗示力量。环顾一下四周。从自己的视角看去，难道周围环境不是以自我为中心吗？我就是中心！这些不祥的想法自古以来就滋养了我们对自我的认知，并且几千年来一直受到基督教文化的推动，直至今时今日。我们的地球位于宇宙的中心，每一个人都位于宇宙的中心，我们由上帝按照他自己的形象创造出来——我们是创造之冠。这就是人类从古至今对自身宇宙意义的妄自揣摩。

太空旅行改变了人类的想法

"所有这些观念都源于人类的自负，最好是通过一点天文学的研究来加以纠正。"诺贝尔文学奖获得者和科学哲学家伯特兰·罗素（Bertrand Russell）是这样认为的。天文学是 20 世纪 50 年代之前人们对此所能做到的最好的事情。今天，我们可以进入太空旅行，从完全不同的视角观察地球。这种完全不同的自我观察体现在照片"暗淡蓝点"上——旅行者探测器在离开我们的星系之后拍摄的地球。

"暗淡蓝点"——旅行者 1 号从将近 60 亿千米的地方，即冥王星的另一边，拍摄到的地球（图片中右边斜上方的小白点）。（图片来源：美国国家航空航天局）

　　只有这样的图片才能让我们清楚地意识到我们荒谬的思维方式，例如当我们提出诸如以下问题时：宇宙始于何处？这是我常被问到的一个问题。这个问题反映出我们石器时代的思想：我们是世界的中心，世界其他地方就在我们之上，而空间则始于这之上的某个地方。实际上，宇宙空间无处不在，也在我们的家里！我们不是宇宙的中心，只是宇宙中一粒不起眼的沙粒，微不足道！

　　这些照片令人震惊，将我们从古代带入现代。我们的宗教、文化教育和学校都应当吸收这种思维方式并使其成为我们自己的思维方式。正是这些主题才应该出现在我们报纸的专题栏目中，而不是那些所谓崇高的人文主义，实际上激发我们古老人类中心主义思维方式的古典和现代喜剧。

人们必须亲眼从太空去看地球

　　但是，我们这个世界的专栏作家将无法做到这一点——也根本不愿意这样去做。以人为本的传统观念过于根深蒂固。只有当大量的太空游客从外部看到我们的地球家园时，才会产生新的意识，其强烈程度甚至可以比拟人们开始照镜子时所产生的自我意识。因此，我对未来各式各样的太空旅游都表示热烈的欢迎。

　　"人类必须超越地球——到达大气层的顶端,甚至更远的地方——因为只有这样,我们才能完全了解我们所生活的世界。"

——苏格拉底,公元前 500 年

我们在宇宙中是否孤独？

"既然这是自然界中最奇妙和最崇高的问题之一，即是否存在一个或多个世界，……那便值得我们去研究它。"

——阿尔伯特·马格努斯（Albert Magnus, 1193—1280），多米尼加人

2002年，德国民意调查机构埃姆尼德（EMNID）进行了一项民意调查，其中针对问题"在我们的星球之外是否还有其他智慧生物存在？"，50%的受访者回答"是"，43%回答"否"，7%则对此没有任何想法。在美国，相信者的比例更高，研究机构RoperASW的一项民意调查显示，56%的美国人认为存在不明飞行物，即外星人。在30岁以下的人群中，这一比例甚至达到了70%。根据埃姆尼德的调查，典型的外星人信徒都是些受过高等教育的年轻男性，他们来自西德地区 [①]，且净收入高于平均水平。所以：越年轻，越相信存在外星人。

[①]　第二次世界大战后，德国分为东德和西德。1990年两德实现统一。——译者注

他们为什么会对外星人的存在持有乐观主义态度？科学将其称为流行的多元方法论：毕竟，仅在我们的银河系中就有超过一千亿颗恒星。常识告诉我们，太空中还有其他智慧生物存在！

他们在哪里？

我们能就这样相信常识吗？物理学家和诺贝尔奖获得者恩利克·费米（Enrico Fermi）用他的著名问题反驳了这一点："如果有外星人存在，那么他们在哪里呢？"费米提出的问题确实有力地反驳了在我们银河系中存在着许多外星人的论点。为什么这么说？让我们假设在每千颗行星中只有一颗行星上存在高度发达的文明。那么仅在我们的银河系中大约一千亿颗行星中就应当至少有1亿颗有人居住。既然我们使用现有技术已经可以抵达其他行星，那么外星人也应该能够来到我们地球，并且太空中应该充满各种文化之间的大量信息和太空探测器。但是，事实显然并非如此。

仔细观察费米的论证可以让我们看到人类遥远的未来。过去10年间许多太阳系外行星的发现表明，类地行星之间相距约有30光年。根据目前的技术水平，带有核聚变驱动器的自主太空方舟——虽然不便宜，但是能够被建造出来——可以在大约 300 年内飞到这些行星（抱歉，即使使用理论上可能的反物质驱动器，时间也不可能更短）。假设移民到这些行星上之后，典型的陆地人口增长率为每年 1%，再生时间为10000 年，那么根据一项数学研究，一个文明最迟将在 400 万年内将我们的银河系转变为持久的殖民地。这与我们宇宙 138亿年的年龄相比算不了什么，而且我们的宇宙至少还会继续存在 138 亿年。换句话说，如果真的存在许多外星人，那么他们中的大多数将有足够的时间在我们的银河系中建立殖民地，因而也早就到达我们这里了。未来，我们人类也将有机会通过这种方式在银河系建立殖民地。

假设，只是假设！

但是，还有 300 年的旅行时间啊！"外星人还会有兴趣或足够的动力去进行殖民吗？"有些人会这样发问，他们即是所谓的"沉思假说"的支持者。其他人则认为外星人存在的时间还不够长久，因为它们会在移出自己的星球之前通过核战争进行自我毁灭（自毁假设）。还有一些人认为，外星人希望将地球作为自然保护区或原始的"自由圈地"保存下来（动物园假说）。针对这些假说还有许多其他反对的意见。然而，所有的原因都是临时性的。这些原因可能根据外星人的发展阶段发生变化，甚至因果倒置。即使一种文化永远不会因为社会原因而向外迁移，也不能解释为什么所有假想中的数百万外星文化在任何时候都具有相同或相似的社会原因。我们也无法想象一个普遍有效的社会学理论会得出这样的结果。因为那必须以认识经验作为基础，而对文化行为的唯一认知来源于我们自己。因此，这些理论不可能先验地具有普遍有效性。

求生的冲动是关键

如果仍然有人怀疑外星人会移民，那是因为他们对太空旅行的灾难性后果有着无法克服的恐惧。下述想法或许会对他们有所帮助：加利福尼亚大学洛杉矶分校的物理学和天文学教授本·祖克曼（Ben Zuckerman）表明，对于许多外星人来说，他们现在应该有足够高的动机离开他们的星球家园：他们的恒星现在已经灭绝了。他用简单的数学表明，我们银河系中的 7 亿个宜居恒星系统全部如此，无一幸免。假设我们银河系中有 1 亿个外星文明，那么现在肯定有超过 100 万个外星文明遭遇了这种命运。毫无疑问，面对自己种族的生存，所有提到的和可以想到的非殖民化社会原因都是过时的。这样的外星人种族要想生存下去，只能寻找新的星球家园。相比之下，所有其他反对意见，例如成本效益或任务风险，都显得苍白无力。

不明飞行物（UFO）来自外星球吗？

或者外星人已经在这里了？不明飞行物来自外星球吗？当然不是。因为如果一个文明在几代人的时间里承担起寻找新家园星球的重任，他们肯定不会和我们玩几十年的捉迷藏游戏。对于他们来说，寻找新家园星球就是在谋求生存。对于像地球这样有吸引力的星球，人类只会是他们的障碍。

综上所述，针对本节最开始提出的问题："我们在宇宙中孤独吗？"回答应当是："我们要么在银河系中是孤独的，要么如果不是，那便只有屈指可数、极少数的外星人存在！"

外星人在哪里？

迄今为止，我们已经发现了 2000 多颗系外行星。在我们的银河系中存在有数十亿颗系外行星。其中哪些行星上可能会有外星人存在呢？

"外星人的问题实际上很简单！"许多人是这样认为的。仅在我们的银河系中就有 1000 亿到 4000 亿颗恒星和至少同样多的行星，其中肯定有不少外星人的星球。这种流行的多元方法论的意义何在？

德雷克方程

首先，我们需要知道，我们银河系中现在究竟有多少颗系外行星与我们地球有着相同的生存条件（类地、宜居带、未被潮汐锁定的自转）。结合过去几年的知识，我们可以粗略地计算：$N_{类地} = 2 \times 10^{10} \cdot f_{天体}$。其中，$f_{天体}$是决定份额的因素。根据现有知识 $f_{天体} \approx 10^{-5}$。这意味着我们的银河系中大约有 10 万颗行星可以产生高级生命。然而，关键问题不是原则上会出现多少高级生命，而是出现高级生命的概率有多大，以及今天我们银河系中有多少颗拥有此类外星人的行星。我们可以使用著名的德雷克方程从理论上对其进行计算，即：

$$N_{现有外星人} = f_{天体} \cdot f_{生命} \cdot R \cdot L$$

其中 R 是我们熟知的银河系恒星形成率，R=20 颗 / 年，L 是一个文明的寿命。$2 \times 10^{10} \cdot R \cdot L$ 的乘积是现存所有文明在银河系中曾经出现的所有文明中的一小部分。$f_{生命}$则是从无机物或最简单的有机分子中产生出原始生命和高级生命的概率。

问题何在？

方程的好处是人们可以立即看出其中的问题所在。显然我们现在有两个问题。首先，我们不知道 $f_{生命}$有多大。我们自己的存在只表明"它有可能发生"，但是没说明有多大概率。其次，我们完全不知道一般文明会存在多久。

让我们逐个回答上述问题。首先，确定 $f_{生命}$ 是一项艰巨的任务，让科学家们的日子非常不好过。生物学家致力于研究单细胞生物有多大可能性会发展成，比方说，硬毛腊肠犬，并最终进化为能够进行星际交流的智慧生命，因为目前天体生物学就是这样定义智慧的。从这个意义上说，自从 1974 年 11 月 16 日人类使用世界上最大的射电望远镜波多黎各的阿雷西博望远镜向武仙座球状星团梅西耶 13 方向的外星人发送了所谓的阿雷西博信息以来，我们才算是变得智慧了。但那是否真的算是智慧的，又是另外一个完全不同的问题。

关键的进化步骤

对此，进化生物学家们的态度是？他们耸耸肩，说道："这种情况很少发生！"为什么很少？因为据说从无机物到细胞，这进化的第一个步骤极其复杂。一定有一个细菌生物被膜，其中恰好有某些复杂的蛋白质（核糖体）在工作，而这些蛋白质又被一个极其复杂的基因组（mRNA）指挥着去生产、分解和重塑其他细胞蛋白质（酶），使其成为细胞生命的组成部分。这种经过精心策划、极其复杂的相互作用怎么可能凭空产生？目前，进化生物学家们还没能理解这个所谓的第一个关键的进化步骤。他们只是说，这极其罕见。

从第一个单细胞生物体生出更多的细胞，然后两个或更多细胞结合形成更复杂的多细胞生物体，这并非完全不可能。但是，自然界并没有进一步针对性的发展，纯属达尔文选择框架内的巧合。从硬毛腊肠犬到人类是否有一个选择过程？进化生物学家否认了这一说法，因为拥有大量神经元的大脑最初是不利于生物进化的。大脑仅占体重的 2%，却消耗了机体所提供能量的 20% 左右。4～5 岁儿童大脑消耗的能量高达总能量的 43%。如果原始人要在紧急情况下逃离捕食者，这 20% 的能量可以起到决定性的作用。从长远来看，更大的大脑重量以及因此而拥有的更高智力只会在长期内得到回报。短期选择原则不会知道这一点。因此，这种向更高智慧发展的步骤对于进化生物学家来说也是至关重要的，也是极不可能的。

进化生物学家认为，进化至人类有 5～20 个关键的进化步骤。但是，这在数字上意味着什么，特别是对于 $f_{生命}$？进化生物学家无法给出具体的数字，只能给出大概的限度，即 $f_{生命}=10^{-15}$ 到 10^{-2}。

文明能够存续多久？

　　然后是第二个问题：一个文明诞生后能够存续多久？这是对那些研究地外文明的社会学家们提出的问题。但其实并不存在这样的问题。在这种情况下，我们唯一能做的就是从我们自身的经验出发来推测其他文明。有人说，如果一个文明研制出原子弹，就会把自己炸死。也有人说，真正的智慧生命知道如何避免用原子弹炸死自己，因此一经诞生，就会永远存在。由于我们的银河系大约有100亿年的历史，因此寿命 $L=100$ 到 10^{10} 年。

怀疑论者和乐观主义者

　　如果我们将 $f_{生命}$ 和 L 的极限值代入上述方程中，就会得到我们银河系中其他文明的数量：

$$N_{现有外星人} = R \cdot f_{天体} \cdot f_{生命} \cdot L = 10^{-17} \text{ 到 } 10^4$$

　　这就是今天我们在数学统计上所能做到的全部。实际上，一切都取决于两个问题：智慧生命从简单的有机分子中出现的可能性有多大，以及文明能够存续多久？根据包括沃德和布朗利（"稀有地球假说"）在内的怀疑论者的说法，答案是"我们在银河系中是孤独的"。乐观者则会说：有数万外星人存在。但即使有这么多的外星人，在我们广阔的银河系中两个文明之间的平均距离也有 1000 光年整。然而，为了向所有可能的太空方向发射信息信号，一个文明必须使用同我们人类全部可用电能一样多的能量，并且不是几分钟，而是持续不断地发射数百万年。关于这一点，在接下来的章节"为什么我们永远不会和外星人交流"中做进一步解释。几乎不会有任何文明会这样做，这也是我认为在经过 50 年的细致搜索后仍未收到外星人信号的原因。因此，情况似乎是这样的：我们银河系中的文明不超过 10000 个。我个人认为，只存在少数地外文明，甚至也许我们就是孤独的。

我们在宇宙中是否孤独？

至于说宇宙中有多少外星人，情况就有所不同了。仅在我们可观测到的宇宙中就有大约 1000 亿个星系，且每个星系的大小都与我们的星系相当。如果我们将这个数字应用于德雷克方程，我们会得到 $N_{现有外星人} = 10^{-7}$ 到 10^{14}。原则上我们能够用望远镜看到的星系中肯定有外星人存在。但是，我们的宇宙比我们所能看到的要大得多。我们现在知道，我们生活在一个几乎无限大的宇宙当中。这也让我们肯定，我们在宇宙中并不孤单。

但是，这有什么用呢？由于星系之间相隔数千万光年，我们永远不会（我强调永远不会！）与它们取得联系，因为从技术上来看，我们是银河系的囚徒。

我们并不孤单！

我们在银河系中是孤独的。是的，但在我们的宇宙中呢？

坦言之：是的，的确存在外星人！他们必然存在。原因也比较简单：原则上来说，我们的宇宙是无限大的。我们是怎么知道这个的呢？2000 年 4 月，宇宙学家首次发现我们的宇宙实际上是平坦的。2016 年 3 月，普朗克太空望远镜得出的数据则证实了一点。"平坦"在宇宙学家们的语言中意味着"不弯曲"。不弯曲？空间怎么会弯曲？原则上，空间也可以像表面一样发生弯曲，虽然没有人能够想象出这幅画面——我强调，真的没有人能够想象出。由于某些曲面（如地球表面）只是有限大，因此弯曲的宇宙也只能是有限大。然而，零曲率意味着我们的宇宙不会在遥远的某个地方再次相会，而是会无限延伸下去，直至无穷远处。用伍迪·艾伦的话来说，这实在太长了，尤其是接近尾声时。

我们的宇宙——一个充满克隆人的疯人院？

　　"无限"对地外文明假设有什么影响？在我们的银河系中，可能只有我们。因此，我们假设，每个星系中只有一种文明。按照"无限"的无敌逻辑，应该存在无数颗行星，无数个星系以及无数的外星人？哎呀，糟糕！我们没能发现一个地外文明，却发现竟然有无限多的地外文明存在！那些觉得有点多的人可能会反驳说星系中的外星人要少得多。但是，这个假设没有任何帮助，数学计算仍然是：每个星系中的外星人概率 ε 无论多么小，乘以无穷大，根据公式 $\varepsilon \cdot \infty = \infty$，我们都会得到无穷大。除非任何星系上都没有外星人，其数量才会为零。但是，还有我们存在啊！于是在无限的宇宙中，我们的存在迫使无限多的外星人存在！救命啊！现在我们有无穷无尽的外星人了，我们无法摆脱它们！

　　但这还不是全部。我们可能会问：有多少与我们人类相似的外星人存在？让我们假设每一百万个外星人中就有一个与我们人类相似，将此数乘以无穷大等于……无穷大。在宇宙中某个地方会有无数个类人文明存在！让我们更进一步：一颗行星拥有像地球上这样的大陆和国家以及完全相同的人类的概率是多少？在某个星球上准确地找到这种情况的概率当然是极其渺小的。但是，无论我们设想的数字有多么小，乘以无穷大，结果都是无穷大。现在我们已经清楚这趟太空之旅应当驶向何处。最终，我会问，有多少来自地外文明的生物居住在太空之中？他们中又有多少人现在正在阅读这篇文章，拥有与您完全相同的父母、朋友和同学，甚至过着与您完全相同的生活？答案总是一样的：无限多！他们当下都是真实存在的。更重要的是，无论您设想出怎样的生活状况：好友偷走了男友，甲壳虫乐队仍然存在并创造出一个接一个的新热门歌曲，您的"克隆"翻版就站在您的面前……只要这些想象不违背科学规律，宇宙中会发生这些的星球就不止一颗，而是有无数颗！

快停下来！这是不可能的，您会说。而我要说的是："是的，就是这样。"自 2000 年 4 月以来，我们就知道宇宙是平的，而这是不可避免的结果。

外星人存在，但是……

现在有了第一个克隆人。我们的下一个克隆体不会就出现在我们的家门口，而是在下一个星系中。一位睿智的宇宙学家计算出，距离我们最近的地球分身大约在 10^{28} 米外的地方。

10^{28}，一个 1 后面跟了 28 个 0！如果把这个数字作为数量级写出来，即 1000000……可以填满 10^{22} 本书。还是无法理解？好吧，如果把所有这些书紧凑地放在一起，它们将填满整个月球。地球的卫星中塞满了书，书中只有一个 1 和许多个 0！我认为这清楚地表明我们永远不会遇到另一个自我，甚至不会与他进行无线电联系，因为信号需要大约 10^{28} 年才能到达那里。谁能等待那么久？然后让我们回到答案！

　　但是，现在有了第二个。许多宇宙学家可能会反驳道，普朗克测量允许非常非常小的空间曲率，即使是绝对平坦的宇宙也可以在拓扑上是封闭的。因此，我们宇宙的大小只能是有限的。在不深入探讨这个有些困难的数学特性的情况下，我不得不承认：是的，情况可能如此，但也不一定。无论如何，这将结束不幸的克隆人事件。另一方面，直到 2004 年年中，通过评估早期的测量，人们才证明了这个在拓扑上封闭的宇宙具有至少 780 亿光年的直径，大约是我们用望远镜所能看到的宇宙的三倍。在这样一个宇宙中存在约 10^{24} 颗恒星和约同样多的行星。这对克隆人来说还不够——但是对于外星人来说也许足够了。这正是研究地外文明的智者们一致同意的：是的，就是这样，因为类地行星巨大的数量本身就足以扼杀哪怕极低的地外文明产生的概率。

我们终究是孤独的

我们终于找到了"我们在宇宙中是否孤独?"问题的答案。在我们的银河系中,我们可能是孤独的,但是在宇宙中其他星系的某个地方,数百万光年之外,一定还有其他星系。只不过,由于遥远的距离,我们将永远——我强调永远!——不能与他们取得联系……这会让我们再次变得孤单。

外星人长什么样？

我们不能肯定地说，我们的银河系中是否有外星人存在。但是如果他们存在，我们就应该已经知道他们有多高以及他们大致的模样了。

从好莱坞电影中我们知道外星人蠕动前行，口水流个不停。外星人就是这个样子？抑或是电影编剧虚构出来吓唬我们的怪诞形象？我们是否可以说说外星人长什么样子，因为原则上来说一切皆有可能？有趣的是，人们如何仅从逻辑和纯粹的物理思考中得出外星人的基本特征，或者更准确地说，地外文明的基本特征？这些就是本节所要探讨的内容。

什么是生命？

首先，我们必须确定什么是生物。科学家们最为认可的定义可能是：一个生物是一个有序结构的系统，它与其环境相互作用和代谢。它还可以无休止地复制（繁殖）自己，包括可能发生突变（基因变化）。此外，智慧生物必须拥有一个能够快速处理信息的信息库（生物学上称之为"大脑"）。

与环境互动时，身体需要从外界获取信息（听觉、视觉、感觉等），将信息传递给大脑，而大脑则将信号转换为信息再传递给外界（表达、书写、绘画、手势等），并且可能的话，但也不一定是，身体也要能够移动。如何在我们的宇宙中实现信息存储？科学家和小说作家提出了非同寻常的可能性：在带电粒子和磁场之间相互作用下的粒子排序；低温下固体氢中正氢和仲氢[1]的排序；或者中子星中的聚合原子，它们像核酸一样可以形成长链并存储信息。尽管所有这一切在原则上都是可能的，但是我们仍然无法想象从无生命物质中自然地进化出具有新陈代谢和繁殖能力的智慧生命。由此，根据科学，我进一步排除了这种对外星人来说不太可能的形成方法。

生命体由什么构成？

目前，有许多关于生命基础的讨论，例如以铵作为溶剂

---

[1]　正氢是核自旋取向对称的氢分子，仲氢是核自旋取向反对称的氢分子。——译者注

的硅化学或是硅电路。虽然人们可以设想出高度发达的电子电路，或者由有机结构和无机电子结构组合而成的生命形式，但是迄今为止，人们还没有观察到这种生命得以繁衍的前提条件，即某种电路的自组织和自修复。因此，这种生命形式只能是人造的，而不是原始的生命形式，只能在比从前已知的更高形式的进化中获得内在的繁殖机制。无论从哪一方面看这个问题，无论多少科学家为此绞尽脑汁，唯一总是出现的现实假设就是我们人类所拥有的变体：进化生命的基础必须是碳化学，也就是有机化学。根据碳化学，最多样化的有机结构是由碳、氢、氧和氮这四种基本元素构成的。因此，很可能任何一种生命本质上都是由氢、碳、氮和氧构成的。这也意味着，就其基本构成元素而言，原则上任何可能存在的地外生命都不会与地球生命有所不同。生命体以及构成生命体的复杂分子是如何形成的？是否只有24种元素（氢、碳、氮、氧、氟、钠、镁、硅、磷、硫、氯、钾、钙、钒、铬、锰、铁、钴、铜、锌、硒、钼、锡、碘）对地球上的生命至关重要？而在宇宙中其他地方这24种元素是否同样重要，抑或是还有其他原子或元素必不可少？问题的答案可能大不相同。

　　有机化学需要液态水作为溶剂，即发生化学反应的中性介质。水不仅是地球上生命不可或缺的灵丹妙药，而且水的液态形式也决定了所有生命形式的稠度。所有生命体都不可避免地柔软而脆弱，因为它们需要容纳大量的水。例如，大约 60% 的人体是由水组成的。而当身体大小达到一定程度时，光有一层皮支撑身体，其强度是不够的，还需要有骨架来支撑身体。

外星人有多高？

现在的问题是，拥有柔软碳基身体的外星生物会是什么样子的？一个智慧生命到底有多大或多小？是否有可能从原则上得出他们任何身体特征？这完全是很有可能的。"异速生长"正是研究这些明显具有不同维度事物属性的科学领域。一个典型的例子是模型飞机。它们在空中的表现与原飞机截然不同，尽管它们是按比例被缩小的。大多数时候它们根本不能飞行。模型飞机需要与全尺寸飞机完全不同的结构。原因在于，机体尺寸与空气黏度的比值，即决定飞行行为的雷诺数会随着飞机尺寸的不同而发生巨大的变化。

因此，物体通常都具有与其环境相关的特殊的适应性特性。体型不同的生物同样如此。引力对高度发达的生物大小起着决定性的作用。根据计算机模拟计算，一颗行星的质量必须在 85% 至 133% 的地球质量之间，才有可能在 20 亿年的时间里维持适宜于产生智慧生物的表面温度。在这种非常类似于地球的引力条件下，智慧生物不可能具有任何与我们人类明显不同的特征。以身体尺寸为例，即可阐明这一点。假设外星人体型巨大，比人类大 10 倍，但其身体组成与人类相同，那么其重量将是人类的 1000 倍，重约 80 吨。但其骨骼截面积只是人体的 100 倍，因此外星人的骨骼所承受的压力会是我们的 10 倍。然而，在这种负荷下，巨型外星人的大腿骨在迈出第一步后肯定会被折断。尽管巨人可以像大象或过去的大型恐龙那样形成比例失调的巨大骨头，自身却有其局限性，因为在某些时候，身体只能由可以支撑起自己的骨头组成。

另一方面，生物也不能任意的小。我们可以设想出的最小信息和存储单元是碱基，一种复杂的有机分子，并具有相应的"基础设施"。像人类这样高度发达的智慧生物，需要一个由大约 1000 亿个基本元件组成的系统，就像人体内的神经细胞，它们相互联系，产生智慧。这个数字表明这些基本元件似乎已是最小尺寸。因为具有与人类相同立体视觉和手眼协调能力的聪明的猿类虽然拥有大约 2500 万年的漫长进化过程，但是依然没能形成高级智慧。猿类的体重不比人类轻几公斤，但其大脑的绝对质量却不足 100 克，神经连接的数量较之人类也明显少得多。人脑则重达 400 克，似乎已经超过了更高智能的临界阈值。因为分子本身具有一定大小，所以智慧生物的控制中心（大脑）也有一个最小尺寸。理论上，关于身体机能的信息和智能信息可以优化到几立方厘米的体积上，这就意味着生物的高度最低不少于 10 厘米，最高不超过 10 米。

身体供能系统

每个可以移动的身体都有一个供能系统。如果外星人是陆地生物，并像我们一样通过空气中的氧气进行新陈代谢，那么它就需要一个肺。只有直径小于 1 厘米的小昆虫才能通过体表将氧气直接扩散到体细胞中。较大的动物则不同，其身体的大多数细胞都在表面以下几毫米处，如果以同样的方式吸入氧气，我们就会得到一个只有 1 厘米厚且扁平的生物，这显然是不切实际的。只有像人体一样，拥有一个内表面积达 100 平方米的肺，以及高度分化的血管系统，才能为一个高度超过 10 厘米的生物的所有细胞提供充足的氧气。昆虫虽然作为地质演化中数量最多的物种极为成功，但也因此无法再进化成为智慧生命。如果无法形成肺部和骨骼系统，昆虫就没有机会增大体型，使大脑变得足够大，并最终产生智慧。

　　这同样适用于食物摄入（新陈代谢）。大型生物不能像微小生物那样在体表进行新陈代谢，而是必须"吃"入食物，具有某种身体入口（嘴），还要有一个较大表面积、可供营养物质进入身体的消化道（有许多绒毛的肠），最后还要有一个出口。所以，像我们一样，外星人不会因为更加复杂而比低等生物更大，却会因为体型更大而更加复杂。

感觉器官

　　在日光下，眼睛是寻找方向最重要的器官。因此，在地球的历史进程中，眼睛被大自然改造了约 40 次，而翅膀则只被改造了三四次。按理说，有机外星人应该也有眼睛——但却不一定有翅膀。由于这种在环境中定向的特殊重要性，每个高等生物通常都有两只眼睛。但是，经过优化设计的眼睛必然与我们人类的眼睛大小相近，这是因为，鉴于我们的体型和视野所需的分辨率，我们的视杆细胞具有一定最低数量和尺寸，并且与光波长度完全对应。因而，较小的眼睛只会看得更模糊，而较大的眼睛则没有任何意义。事实上，没有任何一种陆地生物的眼睛会大得多。即使是大象的眼睛也相当小，与它巨大的体型相比，总是显得有些奇怪。还有一些哺乳动物的眼睛也比较小，例如老鼠，它们由于眼睛的分辨率较差，无法在两米内分辨出一张人脸和另一张人脸，但是这对于老鼠这类生物来说完全无关紧要。

生命的对称性

仅凭一些基本的考虑我们就能够在一定程度上确定宇宙中智慧生物的样貌，这不是很神奇吗？但这还不是全部。我们甚至还可以说一说这些智慧生物体内的器官会如何排列，以及一个生命体基本上会是什么形状的。要做到这一点，我们需要思考一下对称性。

在一个绝对各向同性的环境中，即一个没有任何首选方向的环境中，自然也不应当存在首选方向。它应该是完全各向同性的，即球形对称的。因此，所有行星或多或少都是理想的球体。然而，一个星球表面一定有一个首选方向，那就是它的重力方向。这导致星球上的生物有一个从上到下的首选方向，或者反之亦然。这种所谓的"重力场各向异性"将导致身体的各向异性，这实际上表现在地球的每一个生物上，因为所有生物朝下的一面和朝上的一面都有不同的形状。我们人类和所有动物一样，头在上，脚在下。甚至植物也显示出这种特性。一棵树的树枝向上延伸，变得越来越细，形成一个枝繁叶茂的树冠，而在树的底部则有一个粗大的树干，以及向地下延伸的树根。

但这还不是全部。我们还可以继续思考，当身体移动时会发生什么。首先，会有一个运动的方向。让我们把身体移动的方向称为"前"，把身体来的方向称为"后"。这样我们就根据运动方向区分两边，也就是我们一般情况下所说的左边和右边。一个运动的身体不仅知道垂直方向的偏好，也知道水平面方向的偏好，即除了一般的上下之外，还有前后和左右。在给定的运动方向下，前后相互不对称；而左右两边垂直于运动方向，所以相互之间是镜像对称的。

由此，我们得出一个星球上的任一生物应具有下列属性：

1. 所有生物身体的上半部分和下半部分都是不同的，即上下半身是不对称的。

2. 不动的生物在平面上的各方向形状都一样，因此它们在平面上是完全旋转对称的。

3. 所有移动的生物，其身体的前半部分和后半部分是不同的（前后不对称），而身体的左半部分和右半部分看起来总是一样的（左右是镜像对称的）。

那么，我们在地球上的生活是否也遵循这些规则？的确如此！如前所述，一棵树的顶部和根部不同，但是它在平面的所有方向上都有相同的形状。对于所有不移动的植物来说，实际上都是这样的。移动的动物则全然不同。它们的身体不仅上面与下面不同，而且前面与后面也不相同。动物身体的前面通常有眼睛、嘴巴和鼻子，后面则有一个带有肠道出口的尾巴。此外，动物身体的左半部分和右半部分是相同的：要么在左边和右边有两个相同的身体部位——两只胳膊、两条腿、两只耳朵、两个肾脏、两个肺；要么只有一个身体部位，如鼻子、额头和嘴巴，位于身体的中间，即本身是镜像对称的。换句话说：进化总是试图使身体的对称性与环境的对称性达到最佳的状态。这种想法是如此的普遍，似乎适用于星球上存在的一切事物，无论是像火山或城市这样静止的事物，还是像汽车、飞机、自行车这样移动的事物。因此，我们或许可以期待这个具有普遍性的原则也适用于地外生命，包括智慧生命。

所以，这就是外星人的模样

现在，我们来总结一下：地球上或宇宙中其他同地球一般大小行星上的外星人高度只可能在 10 厘米到 10 米之间，它很可能像我们一样有 1 米左右的高度，并且也有一副相应大小的、承载身体的骨架。它必须由"肉"（繁殖的含水的细胞的堆积）和"血"（将氧气和营养输送到身体所有细胞的液体）组成。它可能也会有眼睛，眼睛的直径只有几厘米，还有一个肺，一张"嘴"（身体入口）以及一个身体出口。如果它能在地面上行走，这是很有可能的，我们几乎肯定，在它身体的下部会有四肢存在。它的前面和后面看起来会有所不同，特别是接收定向信息的感觉器官（即眼睛）会沿着运动方向排列，并且会位于身体的前面。它还可能有两只左右对称的眼睛，因为只有两只眼睛才能提供空间定位所需的深度印象。总而言之，它的身体会像地球上所有生物的身体一样呈现出左右对称的状态。唯一仍未解决的问题是，成对排列的身体部位在细节上会是怎样的，以及它们之间的关系会是怎样的。这一点，仅这一点，我们留给科幻小说作家和幻想画家去想象。

为什么十年内出现外星人存在的证据是完全不可能的?

上周大概在 2015 年 4 月上旬,此书写于 2014 至 2016 年间,关于外星人的炒作席卷了整个媒体:据美国国家航空航天局说,我们将在十年内拥有外星人存在的证据。——我说:胡说八道!

又是一轮这样的炒作,短短数小时内,人们在网络上就讨论得热火朝天。然而,歪曲的事实却随着炒作与日俱增。如果炒作再持续几天,外星人很可能就已经到我们的家门口了。

新一轮炒作又开始了

外星人的故事始于 2015 年 4 月 7 日,当时艾伦·斯托芬(Ellen Stofan)在一个关于我们太阳系中的水的小组讨论会上说道:"我认为我们将在 10 年内发现地外生命的强烈迹象,而且我认为我们将在 20 到 30 年内得到明确的证据。"

在这之后的讨论中，她对自己的说法做了一些阐述："我们不期望外星人会像科幻电影中的小绿人。相反，我们期待着微型生物。我们谈论的是太阳系中行星上的小型微生物。"而在她讲话的最后，她认为我们终将发现宜居的星球。对此，美国国家航空航天局的网站上大胆地发表了《太阳系及其他地区被水淹没了》的报告。

实际上，到2024年我们将拥有外星人存在的证据的说法并不新鲜。"搜寻地外文明计划"（Search for Extraterrestrica Intelligence，简称SETI）的首席天文学家赛思·肖斯塔克（Seth Shostak）早在2004年就已经宣称了这一观点，但他的假设是，到那时我们与外星人之间将有无线电联系。而在后面的章节"为什么我们永远不会和外星人交流？"中，我将阐述自己对此的看法，我敢打赌我是对的。

谁是艾伦·斯托芬？

艾伦·斯托芬是美国国家航空航天局的首席科学家。这意味着她是一位受人尊敬的科学家，为美国国家航空航天局局长查尔斯·伯尔登（Charles Bolden）提供关于未来科学计划的建议。斯托芬工作出色，是一位优秀的科学家，但不幸的是，伯尔登不能这么称赞她。伯尔登更像是奥巴马的傀儡，没有任何自己的愿景或方案。

我不得不赞同艾伦·斯托芬的说法：在我们的太阳系中，在行星、小行星和彗星上存在大量的水。水是我们宇宙中最丰富的化合物之一。因此，其他恒星系统的行星上肯定也会有大量的水。它们只需要满足一些其他重要的前提条件（比如在其恒星的宜居带），那就真有可能存在许多原始的生命。这里要强调"可能"。但我们将很难找到这方面的证据。

太阳系统中的微生物？

我们太阳系的情况要简单得多。美国国家航空航天局正在计划前往木星的卫星欧罗巴的任务，以及前往土星的卫星恩克拉多斯的任务，恩克拉多斯已被证明在其冰盖下有一个海洋。卫星探测器将多次飞越恩克拉多斯的间歇泉，采集样本，检测微生物。我确信，斯托芬在谈到未来20到30年内的明确证据时，心里想的就是这个任务，因为小组讨论的是关于我们太阳系中天体上的水。但这是以宇宙中只要有水的地方就一定会有生命为前提的。我却不这么认为，因为根据进化生物学家的说法，少数矿物质进化成单细胞生物体的可能性极小。

是否可以证明系外行星上存在生命？

如果斯托芬说的是其他星系中行星上的生命，那么"20到30年内的明确证据"就不是完全不着边际的话了。什么可以作为证据呢？我们能从地球上发现的最简单的事情是，在宜居带的类地行星上可以探测到有水存在。但这并不表明存在生命，只是确认了存在生命的两个重要先决条件得到了满足。

有一种更加可信的方法可以用来确定太阳系外是否存在生命。天文学家现在已经能够分析一颗经过恒星星环的行星大气层了。科学家们希望通过完善这种方法，进而在光谱分析中检测到臭氧的痕迹。臭氧（O_3）只有在大气中也有游离氧（O_2）的情况下才会存在；而游离氧只有在生物生命通过光合作用不断形成这种化学上高度活性的氧气时才会存在。尽管这也不是存在外星植物的确凿证据，但是臭氧的大量出现，就是一个相当有力的迹象。但即便如此，人们也必须小心，因为在生物反应之外，还有一些化学反应会产生少量的氧气，进入行星的大气层中。

虽然艾伦·斯托芬没有提到行星大气层的光谱分析，但我相信，她是知道这种方法的。我理解她为什么没有提这点，因为对于小组讨论来说，解释这个会花费许多时间。而且在长篇大论解释时，摄像机通常会转开，转而展示她的腿，或者展示小组中的一个或另一个成员是如何抠鼻子的。但不幸的是，这些对于观众来说才更加有趣。

结论

总的来说，未来几年，我们可能会在太阳系的行星（火星）和卫星上看到微生物生命的证据，也许还有系外行星上的水甚至游离氧的证据，但是肯定不会有系外行星上任何一种生命的直接证据。

从"外星生命"到"外星人"

斯托芬的话立即作为视频出现在美国有线电视新闻网（Cable News Network，简称CNN）上。而她"没有小绿人存在"的解释早已被删除[1]，主持人当即开玩笑说其他星球上可能有外星人存在。斯托芬的言论随后出现在多个网站上，包括《赫芬顿邮报》[2]在内，许多其他媒体都是抄袭的该网站。此外，

---

① 参见 http://bit.ly/2c7qTz5。

② 参见 http://huff.to/1CwRjg0。

在访问量很大的太空网（Space.com）上也发布了文章《美国航空航天局首席科学家预测 2025 年将发现外星生命迹象》[1]。而这也是"外星生命"这个流行语首次出现的地方。从外星生命到外星人，在媒体无声的新闻中只是一个短暂的飞跃。但是很快，外星人就这样出现在了德国这里。

外星人浪潮刚刚蔓延到德国，我办公室里的电话就开始响个不停，电台打来询问我是否可以对之进行评论。一位电台编辑说服了我，让我忍不住接受了采访。在访谈中我试图抚平外星人浪潮。我不确定我是否成功了，但至少这次访谈是友好的。

---

[1] 参见 http://bit.ly/1JnCpPd。

外星人入侵的"真实"情况

　　人们几乎每天都会听到有关不明飞行物（Unidentified Flying Object，简称 UFO）的报告。UFO 是外星人用来监视我们的东西吗？外星人入侵究竟会是怎样的？

　　UFO 是什么？在公众心目中，UFO 就是外星飞船。因此，每一次 UFO 目击事件都被认为是外星人存在的证明，甚至外星人可能就混迹于我们人类之中。这是一种误解，因为"UFO"代表"不明飞行物"，即人们不清楚它是什么样的物体。它也可能是地球上的物体，但无法被识别出来。通常情况下，它根本就不是物体，而是一种看起来像是物体的现象。例如，夜间快速移动的光其实并不是物体，大多只是空中探照灯从地面发出的光束，向上照亮了云层。因此，国际专家们谨慎地使用"UAP"，即"不明空中现象"，而不是 UFO。

UFO 是外星人的吗?

UAP 可能是外星人的宇宙飞船吗?原则上来说很有可能是的。让我们假设,在银河系中有许多地外生命形式存在。比方说有 1000 万种。我们稍加计算即可知道,下一个地外文明距离我们大约 50 光年之远。他们需要多长时间才能抵达我们这里呢?对于任何文明来说,最大旅行速度为 10% 光速是可能的,但更有可能的是,他们使用核脉冲推进达到约 2000 千米 / 秒的终极速度。这意味着他们最少需要 300 年的旅行时间,相当于 10% 光速的原时,最多则需要 7500 年才能抵达地球。

一艘核脉冲推进星际飞船会有多大?当有效载荷重量为 1000 吨时——为 7 人飞行两周的航天飞机设计的重量为 100 吨——宇宙飞船将需要 100 万吨的氢气作为燃料。如果以液体形式储存这些氢气,使之达到最大密度,一个供几人使用的"碟形"宇宙飞船的厚度则为 100 米,直径为 420 米。

有了这艘飞船,外星人将在 7500 年后到达地球——并以 2000 千米 / 秒的速度飞过地球。为了减速落到地球上,他们的宇宙飞船必须载有大约 10 倍的燃料,因此飞船的厚度约为 300 米,直径约为 900 米,与罗兰·艾默里奇(Roland Emmerch)的电影《独立日》中宇宙飞船的规模相同。但它仍将没有燃料飞回去。这就是我们预期可能会出现的外星飞船。到目前为止，是否有任何关于这种飞船的目击者呢？据我所知，还没有。所以，至今人们目击到的 UFO 不可能是外星人的！

外星人会来访问我们吗？

那么，这样一艘外星飞船是否会来访问我们呢？外星人花费数百，甚至数千年时间飞往一个未知的星球，并且不确定最终是否真的能够抵达该星球，不会只是为了对我们进行短暂访问，看看我们是如何在这里生活的，然后又立即消失。也不会有哪个文明会不厌其烦地建造推力为 10 亿吨的发动机（比航天飞机多 100 万倍！），其燃料总量可供现今的地球消耗 1 亿年。毫无疑问，任何外星文明都会回避这样耗资巨大的旅程，因为根本没有合理的理由去进行这样的星际之旅。

真的没有吗？倒也不尽然。正如前面已经提到的，根据天体物理学家本·祖克曼的说法，当他们的恒星在此期间熄灭时，许多外星文明就有了足够的动机离开他们的母星。祖克曼以简单的数学形式证明，假设在我们的银河系中有 1000 万个外星文明，那么至少有 10 万个外星文明现在应该已经遭遇了这种命运。对他们来说，这将是一个纯粹的生存问题。

在这种末世的情况下，他们的目标不是将少数几名宇航员，而是尽可能多的宇航员送到像地球这样的宜居星球，其数量将不会是几千，而是数百万名。

乘坐太空方舟飞向我们

数以百万计的生物是否能够跨越星际距离而被输送？这实际上比人们最初设想的要容易得多。早在 20 世纪 70 年代，美国国家航空航天局的一个研究小组就表明，即使以当时的技术，这也是可能的。在"奥尼尔殖民地"（以其发明者、物理学家杰勒德·K. 奥尼尔的名字命名）中，数百万人可以完全自主、无限期地生存下去。

奥尼尔三号岛。凭借这样一艘核驱动太空方舟，人们可以前往邻近的恒星。
（图片来源：美国国家航空航天局）

每个太空方舟由两个巨大的旋转圆柱体组成，每个圆柱体长 32 千米，直径 6.4 千米。在圆柱体内部，将有 1000 万人生活在 1g 的人工重力下，此外还有大型湖泊、森林、农业等。在这个规模下，大气层已经能够产生云层厚度为 1 千米至 2 千米的蓝天，类似地球的天气。此外，还有臭氧来保护人们免受宇宙辐射。具有这样一种规模的太空方舟是人们目前所能设想出的在生态上的极限，但还未达到技术上可行的极限。利用目前已知的材料，人们已经能够制造出直径达 19 千米的圆柱体太空方舟，可以为多达 1 亿人提供生存的空间。

这样的太空方舟所消耗的燃料当然比我们可能会在天空中看到的外星飞船 UFO 所需要的 100 万吨燃料要多得多。外星飞船不是灵活的小飞碟，而是几十千米的庞然大物，由于其巨大的质量，它只能在太空中远离地球的地方非常笨重地缓慢移动。也因此，艾默里奇认为外星飞船会在地球上方低空盘旋的设想是错误的。为停留在地球上方的低空区域，外星飞船的驱动器将以数百万吨的推力在地球表面留下数平方千米宽的破坏痕迹。所以，太空方舟只会在距地几百千米的安全轨道上绕地球运行，并从那里把较小的货船降落到地球上。

外星人来访只会有一个原因

综上所述，外星人是不会怀着和平的意图来访问我们的。对于他们来说，访问我们是在谋求生存，他们要寻找一颗新家园行星。对于地球这样一个有吸引力的星球来说，人类只会是他们的障碍。如果外星人为了生存而承担了持续数代人的未知旅程的重任，并确信他们将不能够飞往另一个星球；如果他们以此作为动力，那么技术上远超我们的外星人一旦出现在我们的星球上，就只能意味着一件事……我们人类文明的终结。

为什么我们永远不会和外星人交流?

如果我们不能飞向外星人,而他们也不能飞向我们,那么我们还可能与他们进行交流吗?

实际上,我们根本飞不到距离我们 10 光年以外的太阳系外行星上去。这也或多或少适用于想飞到我们这里来的外星人。也就是说,我们永远不会与外星人相遇。但是,我们至少还能通过无线电波与外星人交流吧?"这种想法有什么问题吗?"有些人会问,因为无线电波可以穿透渗到我们宇宙的每一个角落。但是,问题的关键在于细节。

谁发射,谁接收?

让我们来逐一分析一下这个问题。假设有两个或更多的文明想与对方进行无线电联系,却不知道对方在哪里。首先,无线电联系涉及一个发射者和一个接收者。谁发射，谁接收？无论是谁，肯定会首先选择费力最小的，也就是接收，因为只有发射者才需要承担巨大的发射功率。而这正是人类当下所做之事。通过著名的"搜寻地外文明计划"项目SETI，我们聆听来自宇宙深处的声音已经有大约60年了。然而，到目前为止，我们还一无所获。

仅倾听是不够的！

但这也是问题的所在：如果大家都节省能源，只接收信号而不发射信号，就无法建立起任何联系。所以必须有人迈出第一步，发射信号。一个文明发射出的信号需要多少能量才能被另一个文明接收到？这取决于它们之间的距离有多远。由于自由空间的阻尼作用，信号强度会随距离平方的增加而减少。为了能够持续覆盖到空间的所有方向，并在1000光年内刚好盖过银河背景噪音，需要大约10兆瓦的电能，基本相当于今天全部人类的年度能源总消耗量。然而，我们银河系的直径为10万光年。如果我们假设银河系中有10000个文明，那么在半径为1000光年的范围内将只有4个文明。接收范围每增加10倍，发射功率就需要增加100倍。因此，在我们银河系中每发射一次信号将需要 10000 倍今天的能源消耗。而根据宇宙的时间尺度计算，我们将不得不持续不断地发射至少数千年之久，直到一个外星智慧生命碰巧接收到我们的辐射频率。诚然，即使是对于技术先进的文明而言，这也将是一项耗资巨大的尝试。

宇宙的水坑

接下来的问题是：我们以何种频率交谈？原则上，宇宙中有无限多的频率，我们必须就其中一个频率达成一致。但是，如果我们以前从未与对方沟通过，我们如何就沟通频率达成一致呢？……许多科学家为此绞尽脑汁。应该有某种自然的交流频率，所有的文明都会在这个频率上相遇。就像在一大片沙漠中，所有动物都会聚集在一个水坑边一起喝水一样。实际上，科学家们相信他们已经找到了这个水坑并称之为宇宙的水坑。但其实这个比喻还有更进一步的内涵，因为水（H_2O）是宇宙中所有生命的滋生地。水电离后会产生氢（H）和羟基（$-OH$），前者会发射出频率为 1.42 GHz 的电磁波，后者的辐射频率则为 1.64 GHz。根据科学家们的假设，所有文明相会的宇宙水坑都在 1.42 GHz 至 1.64 GHz 频率范围之间——这也基本是我们使用手机打电话的频率范围。但是，实际上，水坑仅处在 0.5 GHz 至 50 GHz 之间相对狭窄的频率窗口内。在这个频率窗口内，银河背景噪声（同步辐射）、3K 热辐射背景噪声（即宇宙微波背景辐射）、由星际介质以及可能存在的有生命居住的行星的大气层的自发辐射以及由吸收引起的量子噪声（散粒噪声）都是最低的，因此可以达到接收弱信号的最佳效果。但是，即使是在 1.42 GHz 至 1.64 GHz 的宇宙水坑中，仍然存在许多不同的辐射频率。因此，"搜寻地外文明计划"必须同时搜索数百万，甚至数十亿个频率。

似乎没有人存在！

到目前为止，人们在所有这些频率上都搜索到了什么呢？什么都没有！目前，我们在宇宙水坑中没有接收到任何来自半径 1000 光年内的文明以 10 兆瓦或更大功率发射出的信号，而在我们的银河系中，我们也没有接收到任何文明以 10000 兆瓦或更大功率发射出的信号。因此，如果有任何其他文明存在于银河系之中，那么其数量应当远小于 10000 个。这一结果也支持了我的假设，即我们是银河系中唯一的存在。

且等一等……

　　然而，与外星人沟通，仍然存在问题。假设我们向银河系深处发出"那里有人吗？"的信号，并进一步假设在 2000 光年之外，一个外星文明收到了这一信息并且回复："是的，我们听到了！我们在某某星系之中。"这个答复什么时候会抵达我们呢？如果我们的信息需要 2000 年才能到达他们那里，那么他们的信息也需要 2000 年才能到达我们这里。4000 年后，还会有人在这里等待回复的信息吗？还会有人知道当年发出的那个信息吗？如果我们还能记得的话，这算是一种相互交流吗？

1974 年 11 月 16 日，波多黎各阿雷西博附近的阿雷西博射电望远镜向外星人发出了第一条信息。（图片来源：美国国家海洋和大气管理局／公共领域）

外星人不说德语！

最后，还有一个问题。外星人当然不会说德语、英语或者任何人类的语言。那么，我们应该用什么语言来沟通呢？有两种方法。其中一种方法使用的是直观、自明的符号。这也是卡尔·萨根（Carl Sagan）为阿雷西博信息选择的方法，这条信息于 1974 年 11 月 16 日由阿雷西博望远镜向武仙座球状星团（梅西耶 13）的方向发出。然而，对于我们来说似乎很直观的东西，对于别人来说可能一点儿也不直观。您能破译出下图中的阿雷西博信息吗？我是无论如何也破解不出的。在看答案[①]之前，您可以自己先试一试。

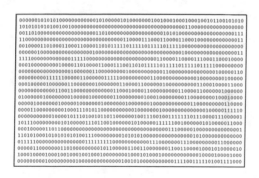

1974 年 11 月 16 日，人类发出的阿雷西博信息，外星人将接收到该信息的数字形式。

[①]　答案参见 http://de.wikipedia.org/wiki/Arecibo-Botschaft。

　　另一种沟通方法是数学语言（Lingua Cosmica，简称 Lincos）[①]。该语言建立在严格的逻辑之上，因此原则上应该被任何逻辑存在所理解。但是，逻辑有很多种，外星人需要先想到 Lincos 的逻辑。

　　总之，与外星人之间的沟通仍然是一个难题。我敢打赌，我们将永远不会收到他们发来的信息——因为我们很可能是银河系中唯一存在的文明。

[①] 即宇宙语，参见 http://de.wikipedia.org/wiki/Lincos。

"您现在正在离开地球"
——我们的太阳系

我们登陆过月球吗?
——登月大骗局的起源

从来没有人登陆过月球。阿波罗火箭全部是某电影制片厂里充满戏剧性的、巧妙的把戏。这里先对这一经典模因进行历史性回顾。

有阴谋论称,美国人从来就没有登上过月球,因为失败的风险太大了,对此演员汤姆·汉克斯(Tom Hanks)的说法是:"我们生活在一个没有法律禁止通过传播愚蠢或无稽之谈来赚钱的社会。"汤姆·汉克斯的话还是很有分量的,因为他在电影《阿波罗13号》中扮演的指挥官比宇航员本人还要出名。尽管如此,并非所有阴谋论的支持者都希望被称作傻瓜。其中有一个人甚至想要知道得更确切些。2002年12月,这个人在街上与1969年7月20日与尼尔·阿姆斯特朗(Neil Armstrong)一起首次登陆月球的宇航员埃德温·奥尔德林(Edwin Aldrin)对峙,称他是小偷、懦夫和骗子,然后将《圣经》举到他面前，要求奥尔德林在上面发誓他真的登上过月球。当时已经72岁的奥尔德林做了许多其他人在这种荒唐的情况下都会做的事情：他只是朝那个人的下巴打了一拳，没有浪费一个字来回答。

奥尔德林的理由可能令人感到震惊，但它并不完全令人信服，特别是对于那些在面对阴谋论时犹豫未决，并且一直期待指控登月骗局有效论据出现的人。在仔细研究这个阴谋论之前，让我们首先简要地回顾一下这个阴谋论是如何产生的。

事情的起因是1978年一部名为《摩羯星一号》的美国电影。故事围绕美国第一次载人火星任务展开。虽然生命支持系统数据显示有问题，但美国国家航空航天局的未来取决于这次任务的成功，于是三名宇航员在发射前几分钟被毫不犹豫地从太空舱中移出，并被带到了一个秘密的地方。这次任务在没有宇航员的情况下展开，美国国家航空航天局则在演播室里为电视机前的观众上演了这次任务，而宇航员们受到被美国国家航空航天局报复的威胁，被迫一同参与演出。但是，当太空舱从火星返回燃烧殆尽时，他们意识到公众其实期待着他们死去，事情才开始真正变得令他们不舒服起来。因为他们想把真相公之于众，美国特勤局从此开始了对这些宇航员的死亡追捕。

一些人接受了这种想法，认为太空飞行由于其危险性而可能造假，阿波罗任务也一样。美国南加州"洛克达因公司研发部"的雇员比尔·凯辛（Bill Kaysing）就持此想法，也特别活跃。从1956年到1963年，凯辛负责这家公司的技术出版物，当时这家公司为美国国家航空航天局的土星火箭提供部分发动机。直到2001年2月15日，美国福克斯电视台播出了节目《阴谋论：我们是否登上了月球？》，才使得此前只是悄悄进行的事情被公之于众，并引发了超乎想象的关注。凯辛同许多其他阴谋论支持者一样，拥有充足的时间来宣传他自己的阿波罗任务版本。他声称，一项内部可行性研究（该研究的存在没有在节目中得到证实）表明，载人登月任务成功的概率只有0.0017%。美国人根本不具备必要的技术可能性，此外，在前往月球的途中穿越辐射带的飞行对宇航员来说是致命的。最终，在肯尼迪关于美国人将在20世纪60年代末登上月球的讲话压力之下，也为了与苏联人竞赛，美国国家航空航天局应当是在一个演播室里拍摄了整个登月任务，当然该演播室就位于被UFO传说包围的神秘的美国空军51区里。

除凯辛之外，一个名叫拉尔夫·勒内（Ralph René）的人也持有相同的言论。作为一个自学成才的工程师，勒内仔细观察了登月的图像，发现了一些在他看来不一致的地方，从而暴露出美国国家航空航天局的整个骗局。根据录像，美国国旗摇摆于风中。是月球上的风吗？此外，在照片背景的黑色天空中也没有看到星星，但是人们应该是可以看到星星的。演播室里的人是不是忘记了什么？在整个节目中，有大约 10 处这样的证据，似乎说服了许多观众。

当然，德国观众也没有错过这样一个受观众欢迎的节目。2001 年中，明镜电视台以配音版播出了该节目，向我们传播了自福克斯节目以来就被称作登月大骗局的病毒。从那时起，该节目每年都要定期播放一次，我从此被该话题的问题淹没。有趣的是，从第一次播出这个节目到今天，《明镜在线》在互联网上进行了一项关于观众是否相信登月大骗局的调查。① 2002 年 7 月，在 2072 人中"只有"36% 的人认为阿波罗任务是伪造的；而在 2013 年，在 5500 人中已有 47% 的人相信阿波罗任务是伪造的，并且至今这一比例仍保持不变。这一下子就增加了 30%！即使这项调查可能不具有代表性，但是总的趋势是很明显的：人们的认识变得不确定了，要求提供新的证据。

---

① 调查详见 http://bit.ly/2c9cRxJ。

我们登陆过月球吗?
——显然是的!

答案可能比一些人认为的更难。这里是最终的答案。

对于许多怀疑论者来说,关键的问题是:阿波罗任务的证据是什么?或者反过来说:拉尔夫·勒内的照片难道不能证明美国人根本就没到过那里吗?

尼尔·阿姆斯特朗,由巴兹·奥尔德林在 1969 年阿波罗 11 号第一次登月时拍摄的照片。(图片来源:美国国家航空航天局)

什么是证据？

这里的核心术语是"证据"。什么是证据？由于登月大骗局讨论的难点取决于这个概念，我们需要仔细地研究一下它。从纯逻辑的角度来看，证据"无可辩驳地证明了陈述与事实相一致"。我相信大家都会同意这一说法。但不幸的是，如果将这个定义应用于阿波罗任务，就会出现一个问题，因为事实不在当下，而是发生在过去。根据奥卡姆剃刀原理[①]，不存在百分之百的、毫无疑问的证据可以证明存在于过去的事实。唯一存在且能够被证明的就是当下。因此，对于严厉的阿波罗怀疑论者来说，如果人们在未来进行月球之旅，在写有"请勿触摸"的牌子后面看一看阿波罗时代的老式登月舱，这并不是什么证据。"登月舱"将只存在于未来，而不一定存在于阿波罗飞行的过去。因此，可能是美国国家航空航天局为了掩盖没有发生的阿波罗飞行，在事后把它们放在那里，并涂上适当的保护色。也许，美国国家航空航天局与外星人有良好的关系，就像一些人声称的那样，美国国家航空航天局要求他们秘密地把旧的登月舱带到那里。当然，这

---

① 参见 https://de.wikipedia.org/wiki/Ockhams_Rasiermesser。

听起来非常奇怪，但这并不是问题的所在。关键是要毫无疑问地证明阿姆斯特朗和奥尔德林在 1969 年 7 月 20 日登上了月球。没有这回事，也不可能有。美国国家航空航天局似乎已经知道这一点了。2002 年 11 月，美国国家航空航天局告知公众①，它撤回了一项超过 15000 美元的委托著书任务，著名太空历史学家詹姆斯·奥伯格（James Oberg）将在该书中证明美国国家航空航天局曾把宇航员送上了月球。

运用奥卡姆剃刀原理

这是否意味着我们不能对我们的过去做出可信的陈述？不是的，我们可以。方法是使用奥卡姆剃刀原理："在数个理论当中，具有最少无法证明假设的理论最有可能是正确的。"或者简而言之：最简单的理论很有可能就是那个正确的理论！现代科学甚至更进一步：通常，在每个时间点上都有一个最小的简单理论来描述特定的状况。这就是我们所说的"头号理论"。每一个新理论要么证明"头号理论"仍是较为简单的理论，要么证明头号理论是错误的理论。第二条原理被称

---

① 参阅 http://bbc.in/1vdXaEz。

为马塞洛·特鲁齐（Marcello Truzzi）的"非凡的主张需要非凡的证据"。我们现在将这两个原理应用于登月大骗局。

阿波罗 11 号的激光测距反射器。（图片来源：美国国家航空航天局）

因此，我们所要寻找的是，对 1969 年 7 月 20 日宇航员是否曾在月球上这个问题给出最简答案的理论。"头号理论"是指"美国国家航空航天局曾经登上过月球"。这个理论很简单，而且非常有说服力：数百万人观看了土星火箭向太空发射的实况直播。1969 年 7 月 20 日有来自月球的无线电信息，甚至连多疑的苏联人都证实了这一点。宇航员在月球上安装的设备，即阿波罗月面实验装置，通过月球地震系统向地球发送信号，直到 1977 年 10 月才停止。即使在今天，发送到月球的激光束也会被两名宇航员在那里设立的激光测距反射器（Laser Ranging Retroreflector，简称LRRR）反射回地球。如果没有这些装置，这一切都是不可能的！此外，这个理论极其简单，它不需要任何额外的、无法被证明的假设。

相反，让我们来看看登月大骗局理论。该理论表明，虽然土星火箭确实被发射了（显然，说数百万人观看发射实况是假的似乎很过分），但在发射之后火箭只是绕着地球飞行，而人们在电视上看到的其他一切都发生在臭名昭著的51区的电视演播室里。这个登月大骗局理论提出了许多无法被证明的假设：

1. 美国国家航空航天局和美国政府有一个阴谋，涉及数千名雇员，他们每个人都将终身保持沉默。

2. 1967年1月27日，三名宇航员罗杰·查菲（Boger Chaffee）、埃德·怀特（Ed White）和格斯·格里索姆（Gus Grissom）在阿波罗1号的一次试验中痛苦地死去。他们是被美国国家航空航天局故意杀害的，以使阿波罗项目显得逼真——至少按照阴谋论支持者的说法是这样的。

3. 美国国家航空航天局在冷战中期贿赂了数以千计的苏联太空专家，不让他们向媒体通报登月大骗局，因为他们当然也截获了无线电信息，然而这些无线电信息并没有像预期的那样来自月球，而是来自地球轨道。

4. 美国国家航空航天局贿赂了世界上所有的业余无线电报务员，否则他们会向全世界宣布他们正在收听的无线电信息（这是在航天飞行任务期间业余无线电报务员的爱好，直至今天国际空间站也仍是如此）不是来自月球，而是来自地球轨道。此外，还有一个问题，美国国家航空航天局是怎样知道全世界所有这些业余无线电报务员的呢？

5. 1969 年 7 月 20 日之后出现在美国国家航空航天局的月球岩石，由于其氦 -3 含量，不可能来自地球，并且在完成了所有阿波罗任务之后该月球岩石的总重量也达到了 382 公斤，它可能是天使从月球带来的，也可能是外星人带来的。阴谋家们不想在这里说得那么精确。美国人自己不可能人为地制造它，因为他们还不知道月球的构成。另一方面来说，他们也应该知道，否则其成分就不会与苏联人采集的月球样本完全一致。这些月球样本是苏联人后来通过无人飞行任务带回地球的。

6. 美国国家航空航天局贿赂了外星人，让他们反射并送回我们定期从德国巴伐利亚森林的维希尔（Wettzell）大地测量基站发送到月球的激光束，其目的原本是确定地球和月球之间确切距离的。但也有可能是，美国国家航空航天局后来又向月球派遣了一次无人飞行任务，安装了这些反射器，因为从长远来看，支付给外星人的费用太昂贵了。当然，读者也可以自由地做出其他假设。

毫无疑问，由于其简单性，"我们曾登陆月球！"理论显然更受欢迎，也因此远比登月大骗局理论的可能性更大。"头号理论"仍然立于不败之地！

阿波罗 8 号——星星在哪里？（图片来源：美国国家航空航天局）

举证责任在骗子身上

请注意，奥卡姆剃刀原理并不要求证明或者反证，而只要求理论的简单性。但是，登月大骗局支持者最重要的论据是所谓的证据，据说这些证据表明我们从未到过月球。特鲁齐"非凡的主张需要非凡的证据"原则对此有两个要求：

1. 登月大骗局的支持者必须毫无疑问地证明，美国国家航空航天局没有登陆过月球。

2. 这些证据必须是非凡的。

第一点表明，举证责任在骗子身上，应该由他们证明美国国家航空航天局并没有飞往月球，而不是由美国国家航空航天局来进行反证。后一点则是骗子对美国国家航空航天局的要求。但是根据奥卡姆剃刀原理，美国国家航空航天局不需要这样做，这也是为什么它当时撤回了授予奥伯格的反驳任务。

事实上，骗子们不能毫无疑问地证明这个阴谋，因为正如我们所知道的那样，他们所有的证据，即月球图像，都指涉过去。美国国家航空航天局也不能提供毋庸置疑的相反证据。过去的事情不能毫无疑问地被证明——不管是以何种方式！

骗子们所谓的证据

尽管如此，还是让我们来简要回顾一下骗子们证明宇航员未曾登陆月球最重要的证据。例如，在一些照片中，没有星光。这很容易解释：如果拍摄的是明亮的月球表面，当时哈苏相机的快门速度和光圈肯定得非常小，导致胶片的动态范围根本不足以将微弱的星光转化为胶片上的黑度。因此，在明亮的月球前景下，人们无法看到微弱的星星。

巴兹·奥尔德林的图像在月球表面投下的所谓虚假阴影，据说只可能是来自不同的演播室点，最近已遭到现代计算机图形学的明确反驳。[①] 美国国旗在落地时显然像旗帜一样在风中来回摇摆，是因为月球上没有大气层来减弱震动。

虽然细致地一一反驳阴谋论者的言论不是美国国家航空航天局理论支持者的任务，但还是有人不厌其烦地做了这件事。其结果是一个令人印象深刻的论据集，表明阴谋论者并不完全精通物理学，而只是依靠了第一印象。在此，我很乐意推荐一系列相关话题的文章。[②]

---

① 参阅 http://bit.ly/2co04Dm。

② 维基: Moon landing conspiracy theories http://bitly.com/1ge1myT, 维基: Verschwörungstheorien zur Mondlandung http://bit.ly/2beFBaf, 《糟糕的天文学: 福克斯电视台和阿波罗登月骗局》: http://bit.ly/2bB8gFI, Dazu ein wichtiger Link zu den Apollo Missionen: www.apollosaturn.com。

总结

让我们来总结一下。首先，"宇航员在 1969 年 7 月 20 日及之后登上了月球"，该假设的正确性更大，因为它以最简单的方式解释了所有给定的事实。如果阴谋论者声称有一些事实与这一假设不相容，那么就需要阴谋论者毫无疑问地证明这些事实与登月不相容，而不是诉诸幻想的假设。到目前为止，这还没有发生，我们知道这在实践中几乎是不可能的。但是，反过来说，也不可能有无可争议的证据证明宇航员在 1969 年 7 月 20 日确实登上了月球，因为那一天已经过去，而过去不存在于当下，与之相关的情况也无法得到证明。即使对于我们来说很困难，我们也必须习惯于这样的想法：除了命题逻辑中的少数重言式之外，这个世界上不存在绝对的确定性，无论我们多么希望事实如此。这个答案在学术上可能显得有些夸张。但实际上，它非常接近现实，因为它为我们提供了在实践中容易操作的行动提示：

1. 对于由当下的事实推导出的结论要特别小心。
2. 最简单的假设可能就是正确的假设。
3. 复杂的假设必须由其支持者来证明。

　　顺便说一下，经常有人问我，为什么不直接用哈勃望远镜观察月球表面，来证明陆地装置存在。这难道不是完美的证据吗？遗憾的是，这样不行。首先，这些也可能是美国国家航空航天局伪造的。其次，更糟糕的是，地面望远镜和哈勃望远镜的分辨率远远不足以使月球上的登陆器可见。

　　那么，宇航员们登陆过月球吗？哪个有常识的人会怀疑这一点呢？即使从科学的角度来看，知道美国国家航空航天局是无可非议的，这样不好吗？

谁拥有月球？

您是否已经在互联网上购买了月球土地？当然，是有证书的那种。您真的认为它属于您吗？那么您应该继续阅读……

前段时间，再一次发生了同样的事情。一个年轻的学生来到我的办公室，想让我在一份非常漂亮的证书上面签字，该证书表明他从阿斯特罗克斯（ASTROX）公司购买了一块月球土地。这是给一个朋友的生日礼物。他说他为此花了 30 欧元。如果连同尼尔·阿姆斯特朗亲笔签名的签名卡影印本一起，则需要 40 欧元。于是他想，如果我签了字，那么他就不用花钱了，并且这个签名不是复制品，而是真的签名。

现在，我基本上是不会做这种事的，因为经验表明，这种东西在某些时候会出现在易贝（eBay）上，但因为证书上有他朋友的名字，我就帮了他这个忙。我问他是否知道该证书是非法的。他惊讶地回头看了看我，认为即使是这样，那也是送给太空狂人的完美礼物。在您被这样的购买行为冲昏头脑之前，让我来告诉您事实和隐藏在它背后的故事。

丹尼斯·霍普，行家

这一切都始于 1980 年。当时美国人丹尼斯·霍普生出了将月球占为己有的想法。他不是第一个做此尝试的人。早在 1954 年就有一位名叫赫纳罗·加哈多·维拉（Jenaro Gajardo Vera）的智利律师这样做了。而德国人马丁·尤尔根斯（Martin Jürgens）也对月球提出过所有权，因为普鲁士国王腓特烈大帝在 1756 年的一份真实的赠与契约书中将对月球的所有权转让给了尤尔根斯家族，该家族又将其传给了最小的儿子，从而最终传到了马丁的手上。这些主张的问题在于：它们在法律上是站不住脚的。腓特烈大帝无权转让月球的所有权，因为该权利不属于他。而维拉则只是于 1954 年9 月 25 日在智利塔尔卡市由公证人塞萨尔·希门尼斯·富恩扎利达（César Jiménez Fuenzalida）对其主张进行了公证，但这还远远不够。

霍普更聪明些。他通读了具有国际效力的《外空条约》（1967），这是所有其他宇宙空间条约的基础，并在《外空条约》中发现："各国不得通过主权要求、使用或占领等方法，以及其他任何措施，把外层空间（包括月球和其他天体）据为己有。"现在，重要的是，要知道《外空条约》是国际法的准则，它规范的是国家与国际组织的权利及其共存，但是并没有规范私人的权利。那么，《外空条约》与霍普的要求究竟有没有关系？

1862 年的一项美国法律使之成为可能

霍普进一步翻寻，找到了美国《宅地法》（1862）。根据该法案，直到今天（！），在美国，任何人都可以通过在当地的土地局进行登记，声称已通知其他潜在买家，然后等着，就可以购买新的土地。这项法律在当时狂野的西部和 1980 年时对丹尼斯·霍普来说都是相当实用的。霍普在旧金山土地局登记了月球和太阳系全部八颗行星及其卫星。然后他给美国政府、苏联政府以及联合国大会写了一份情况说明。多年后，因为他没有收到这些收件人的任何答复，他在版权局为他写信的行动注册了版权。凭借这一权利，他开始在互联网上以他自己创立的公司"月球大使馆"的名义出售月球上的土地。根据他自己给出的数据，截至 2009 年，他以每英亩（约 0.004

平方公里）约 20 美元的价格出售了 250 多万块月球土地——总金额约为 4000 万欧元！他可能是通过在月球地图上盲目地敲击来为买家选择土地的。我将其称为"赚得容易"！

遗憾的是……

但是，霍普的说法也有问题。细究起来，共有三点。首先，美国《宅地法》将可申请的土地数量限制在 160 英亩，即 0.64 平方公里以内。但是，仅月球就有 3800 万平方公里。此外，从什么时候开始，旧金山土地局对月球和我们太阳系的所有天体都有管辖权了？问题的关键还在于国际法。根据国际法，所有私人财产都来源于国家财产。但是根据《外空条约》，月球和其他天体不属于美国，旧金山土地局作为美国的一个法律机构，不能将其所有权授予霍普。实际上，土地局只是宣布他的请求在全国范围内可以合法地被受理，而且在土地登记簿（到底是哪本？）中也没有找到任何相关记录。因此，是霍普自己认为其在版权局登记的书信版权会受到美国、苏联和联合国的保护。

因为霍普对他所出售的土地没有合法的权利，所以他不能阻止其他人也这样做。与此同时，还有美国的宇宙注册中心公司（CosmicRegistry.com）、英国的月亮庄园有限公司（MoonEstates.com）以及德国的阿斯特罗克斯公司。其中，阿斯特罗克斯是唯一给出法律通知的。其他公司则会首先打消法律起诉的可能性。

让我们来总结一下。每个出售月球上或其他天体上土地的人都是在没有真正的合法所有权的情况下进行的。但是，只要没有人在国际法院起诉，一切都会照常进行。丹尼斯·霍普继续做他的生意，不起诉他的对手，而对手也不起诉他。买家则为一张可以送人或挂在床头的漂亮证书而高兴。可笑的 30 欧元，它甚至可以作为商业伙伴的礼物而减税！如此一来，大家都高兴。为什么要动摇这所纸牌屋呢？然而，我请求这座疯人院：不要把任何月球证书寄给我签名。这个学生实际上是唯一的例外！

给自作聪明者的小贴士

最后，给自作聪明者提一个小建议。请您建立一个管理和授予月球使用权的国际机构，正如今天设在牙买加的国际海底管理局对深海海底所做的那样。这在法律上是允许的，因为《外空条约》中确实没有这方面的规定。

感谢才华横溢的亚历山大·索切克（Alexander Soucek）在空间法方面给我提供的帮助。索切克是一名律师，毕业于国际空间大学。他目前在巴黎的欧洲空间局总部担任国际和空间法专家。如果他举办关于空间法的讲座，请您一定前去聆听。空间法是最好，也是最有趣的！

火星地球化

火星是否可能再次拥有密集的大气层和海洋，使得植被繁茂，人类生存？研究表明，这在原则上是可能的。

今天，火星是一个干燥、贫瘠的星球。然而，过去的火星并非如此。在 38 亿至 35 亿年前的诺亚纪时期，火星是温暖的，表面还有液态的水。大气中含有大量的二氧化碳，压力为 0.1 帕～20 帕。我们今天知道，液态水存在于大约 18 亿年前。那么，大气和水都去哪儿了呢？

火星是这样失去大气层的

很遗憾，火星的质量只有地球的 11%，其表面重力也只有地球的 38%。由于体积小，火星冷却下来时没有一个热核，因此不像地球，同时火星也没有磁场这一保护伞。也因此，由质子组成的太阳风可以不受阻碍地击打火星早期的大气层，使其发生电离。由于缺乏磁场，也由于引力场较弱，火星不断失去小部分的大气层，直到今天它的大气压力只有0.007帕，不到地球大气压力的百分之一。火星上部分的水可能被蒸发了，但是大部分的水都渗入了更深的地层。

此外，缺乏二氧化碳的大气层也使得火星变得更冷。今天，火星表面的平均温度为 -60℃，深层的水都冻结了。如果我们用铲子刮开火星表面（见下图），就能看到冻住的水。那时，二氧化碳主要以碳酸钙的形式结合在冰冻的两极和岩石之中。仅有一小部分留在了大气中。

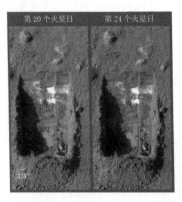

火星上的冰，通过刮开火星表面（这里是 2008 年的凤凰号火星探测器）而显现出来，并在两个火星日[1]后部分蒸发。（图片来源：美国国家航空航天局）

---

[1]　两个火星日为 49.2 小时。——译者注

加热火星

火星是否可能重新获得大气层，从冰冻的水中创造出大型湖泊或海洋？自从卡尔·萨根在 1973 年首次提出这个建议以来，已有许多出版物表明这在原则上是可能的。现在，这个研究领域被称为生态培育（Ecopoiesis），但科幻小说中的地球化（Terraforming）一词则更为常见。

问题的关键是怎样使火星变暖。最有效的建议可能来自 1984 年大气物理学家詹姆斯·洛夫洛克（James Loverlock）。他建议将超级温室气体，即全氟碳化合物（PFC），如 CF_4、C_2F_6 或 SF_6，引入火星大气层，可以通过数百个生产设备来实现这一点。每个生产设备都有一辆汽车那么大，它们可以利用太阳光从火星风化层中生产出全氟碳化合物。

又有水了

大约 100 年后，火星表面温度将从 -60℃ 上升至 -40℃。这时，两极和岩石中的二氧化碳将被释放，再次回到大气层中，形成 0.3 至 2 帕的大气压力。由于二氧化碳本身是一种强大的温室气体，温度将在大约 600 年内上升到约 20℃，届时，冰会液化，上升到表面，形成湖泊和海洋。强大的大气压力会阻止水被蒸发。因此，火星在 600 年后将再次变得温暖和潮湿。

在这样一个星球上，人们已经可以穿着普通的街头服装走动，由背上的氧气呼吸系统供氧，这与我们今天的潜水设备相当。然而，由于火星上的重力约为地球的三分之一，这也不会是一个太大的负担。

火星地球化四个阶段的艺术化视图。（图片来源：达恩·巴拉德 / 维基共享资源）

地球化改造——自由式

最有趣的问题是：大气中的二氧化碳可以转化为氧气吗？这是有可能的，如果人们把能够耐受任意高浓度二氧化碳的藻类带到火星上。随着二氧化碳浓度的下降，植物可以在火星上生根发芽，茁壮成长。但火星也会再次冷却，因为它像地球一样只能得到 43% 的太阳光。因此，人们需要一直保持极低浓度、只有百分之几的全氟碳化合物，而不会对生物造成危险，因为全氟碳化合物是惰性气体。

但是，植物的光合作用效率极低，将二氧化碳转化为氧气需要 100 万年以上的时间。然而，在这段时间里，昆虫、蠕虫及其他具有高二氧化碳耐受性的低等生物已经可以挤满火星了，直到有一天也许人类也可以在那里自由地生活。

据估计，由于保护性磁场的存在，这种大气层在几亿年后会再次消失。但是与智人的年龄（20 万年）相比，一亿年的时间足以为人类提供一个暂避之所，最终人们将从那里移居到其他类地行星上去。

第一次载人火星任务何时到来?

　　多年来，美国国家航空航天局一直都没有载人航天飞行的具体计划。现在，它因此受到了政客们的指责。指责得对。

　　20 世纪 60 年代，那些美好的时代! 一位年轻的美国总统怀有一个愿景：几年内，赶在苏联人之前踏上月球。尽管他不知道自己正在着手进行的是一项多么困难的事业，但是公众的积极性很高，他们还是设法做到了。

乔治·布什的星座计划

　　2004 年，乔治·布什（George Bush）想要做的事情同约翰·肯尼迪（John Kennedy）一样。在美国人厌倦了空间站和航天器绕地飞行，2003 年 2 月 1 日哥伦比亚号坠毁，从而确定了航天飞机舰队的结局之后，布什想要再次迈出一大步。2004 年 1 月 14 日，他宣布将再次挺进太空深处，首先就是返回月球，然后是载人飞往火星。为了实施这一计划，他委托美国国家航空航天局制订一个新的载人航天计划，即星座计划。该计划包括非载人火箭战神五号（Ares V）和载人火箭战神一号（Ares I）。美国国家航空航天局当时的负责人肖恩·奥基夫（Sean O'keefe）随即决定停止航天飞机舰队，将资金用于星座计划的研发。此后不久，他离开了美国国家航空航天局，留下兢兢业业的继任者迈克·格里芬（Mike Griffin）。格里芬只用几次航天飞行任务就完成了空间站的建造，在没有额外资金的情况下启动了星座计划。在一定程度上来说，他成功做到了这一点，并获得了各方的高度赞扬。尽管如此，在 2009 年 1 月 20 日巴拉克·奥巴马（Barack Obama）总统的就职典礼当天，他还是辞去了这份工作，并且理由十分充分。他知道，奥巴马不会赞同小布什的计划。

奥巴马的太空之旅——无知

实际上，情况变得更糟了。奥巴马对宇宙飞行根本不感兴趣。因此，直到四个半月以后，他才终于任命了美国国家航空航天局的新局长，查尔斯·博尔登，一位前美国宇航员。

博尔登上任了，却不知道该做些什么，因为奥巴马对星座计划没有兴趣，他曾公开承认这一点，并让所谓的奥古斯丁委员会来告诉他在减少美国国家航空航天局预算的情况下可以做些什么。其结果是：从长远来看，目标肯定是探索太阳系，特别是火星，但在奥巴马设定的成本下，这是不可能的。作为一个简朴的替代方案，他们提出了飞往小行星的计划。

这给了奥巴马一个取消星座计划的正式理由，他也立即这样做了，但没有说明美国国家航空航天局的最新目标是什么。相反，在《美国国家航空航天局授权法案（2010）》中，他命令美国国家航空航天局研发一个太空运输机和一个载人太空舱，其模糊的目标是开发新的太空技术和不明确的飞入太空的可能性。换句话说，仍然没有任何具体的目标。当发现即使是对小行星的小规模飞行也会超出预算时，凯克天文台的科学家们反向操作了一番：如果飞往小行星的成本过高，为什么不把小行星带到地球附近，到2025年再飞往那里呢？然而，美国国家航空航天局的预算只够飞向一颗约10米（！）的小行星一次。

现在美国人已经受够了

这到底是怎么回事？这有什么意义？如果只是想知道小行星的成分，无人飞行任务即可，也不需要把这颗小行星推来推去。此外，在这样一颗小行星上，宇航员将只有10毫克的重量。咳嗽一下，宇航员就会从它的表面消失！就连政客们也意识到，这可能是一个笑话。由于博尔登本人无法提出一个合理的构想，2014年6月25日，国会议员与独立科学家们坐在一起，但不包括美国国家航空航天局在内（！），最终根据美国国家研究委员会（National Research Council，简称 NCR）最新的报告制订了一个长期的太空计划。该报告感叹在当前的情况下，即使到21世纪30年代，飞往火星也是不可行的。其结果是：他们指责奥巴马取消了星座计划，因为这正是探索附近太阳系的正确方式。他们是对的。他们认为小行星重定向任务是愚蠢的，没有任何意义。长远来看，只有火星才是合理的目的地。他们提议首先飞往月球或者火星的卫星火卫一，然后再登陆火星。

向这些政客们致敬，向美国国家航空航天局表示遗憾。这一计划表明了他们的专业能力，令人印象深刻。因为立即飞往火星太过鲁莽，需要克服两个关键性问题，即两年半的技术自主权以及登陆和飞离火星表面时的下降和再上升技术。为确保火星飞行成功，有一个极好的策略即将其分散到两个或多个任务中——对于火卫一，不需要复杂的着陆技术，因为质量为 1 吨的着陆器在那里仅重 500 克。

那么费用呢？即使是参与会议的白宫管理及预算办公室前负责人米奇·丹尼尔斯（Mitch Daniels）也表示，成本是次要的，必须实现这一目标。首先，美国国家航空航天局必须掌握该计划，并制订出具体的方案。估算年度成本后，再决定是否可行。

下一步是什么？

奥巴马当然不关心这一切，就像他不关心美国国家航空航天局的不作为一样。他还有其他美国国内政治利益需要关注。他正处于第二个，也是他的最后一个任期，正慢慢成为一只"跛脚鸭"。美国人用这个词来形容因为连任无望而失去了做出重要决定欲望的总统（美国总统最多可以连任两届），而议员们也不要求奥巴马做出重要决定，因为继任总统届时可能又会做出不同的决定，就像之前奥巴马推翻小布什的计划那样。因此，这取决于美国国家航空航天局会怎样做。在最好的情况下，美国国家研究委员会的报告将使美国国家航空航天局局长博尔登三思，并让他研究和进一步修改委员会于 2014 年 6 月 25 日提出的建议。当下一任美国总统于 2017 年 1 月上任时，就可立即对此做出决定。在最坏的情况下，博尔登也不在乎，想通过什么都不做来摆脱这个问题，也就是"照常工作"。在这种情况下，只有新任总统才会重新考虑太空计划。

首次飞往火星

　　不管怎样，计划中 21 世纪 30 年代的载人火星任务越来越近了。这是因为能量上有利的飞行只能在 2031 年 5 月（出发，2031 年 11 月或 12 月登陆火星）进行，然后再次飞行就到 2046 年 4 月或 5 月了（2046 年 11 月登陆火星）。在此期间，每两年飞行一次，花费更多，也更加昂贵。我个人认为，美国人撑不到 2030 年 5 月，除非出现一个新的肯尼迪，能够说服美国人。就让我们为 2046 年 11 月的载人火星登陆做好准备吧——如果在那之前没有白痴去开展自杀式任务火星一号的话。

火星一号任务
——这是什么？

2014 年，火星一号席卷了所有媒体。火星殖民化能否成功？会出现什么问题，殖民者的生存机会有多大？

火星一号事实

火星一号是由荷兰人巴斯·兰斯多普（Bas Lansdorp，担任 CEO）和阿诺·韦尔德斯（Arno Wielders，担任 CTO）成立的私人基金会，他们计划向火星进行一系列商业飞行，并在火星上建立人类的第一个殖民地。首批 4 名殖民者将于 2024 年出发，经过约 180 天的飞行，于 2025 年登陆火星。此后，每两年都会有新的殖民者飞往火星。但是，无论是第一次还是之后的飞行任务，都不会有回程飞行。整个项目将由电视转播费和广告费提供资金。根据火星一号的说法，已有超过 20 万人提出了申请。经过第一轮选拔，约 700 名候选人被录取进入第二轮。其中，首批 40 名宇航员在 2016 年底前被选出并接受培训，接着再从这 40 人中招募 24 名潜在的火星定居者，他们届时将成为人类在陌生星球上的先驱者。

为什么没有回程飞行？

对于往返飞行来说，回程飞行的费用将占总任务费用的 75% 左右。因此，仅飞往火星的任务成本只有先前计划的火星返回任务的四分之一左右，这是一个重要的原因。

火星一号飞行任务能否成功？

火星任务的所有必要技术，包括返回地球，在原则上都是已知的。因此，据我所知，没有技术上的障碍。

火星一号的问题是什么？

问题在于任务的风险高，还有相关的道德问题。首先，尽管火星进入、下降与着陆技术（entry, descent and

landing，简称 EDL）是已知的，并且好奇号火星车已经成功地演示了这些技术，但是这种着陆的风险依然相当高。我估计载人着陆的成功率为 50%。

火星一号的工程师们计划在 2025 年之前，通过 6 次无人飞行前导任务，把在火星上生存所需要的一切都带到火星上去。然而，当宇航员们在 2025 年抵达火星时，他们仍然需要自己建造一切。虽然这些技术在原则上是已知的，但是技术的成熟度级别，即技术就绪水平（Technology Readiness Level，简称 TRL）通常很低（对许多人来说技术就绪水平可能只有 5～6 级），这就意味着这些技术往往不能发挥作用。虽然（希望）会有足够的维修工具，但是备件不足：仅在 5 次前导任务中，不可能为每个部件都携带一个备件。因此，如果一颗小行星在没有类地大气层保护的栖息地上打了一个洞，并摧毁了重要的电子装置，那就糟了。这也是为什么我估计头两到三个月的生存概率约为 40%。

综合考虑所有风险，据我估计，在经历了总共 180 天的飞行和着陆后，尽管有技术就绪水平风险，在火星上成功着陆的概率和宇航员在火星上生存两至三个月的概率仅有 20% 左右。

为了将这种高风险降低到可接受的数值，也为了保证宇航员可以返回地球，美国之前的星座计划设想将月球作为一

个试验台（试验环境）。如果出现问题，人们可以随时安全
返回地球，正如空间站一样。只有证明了人们在殖民地可以
自给自足地生活时，才会开启首次飞往火星的载人之旅，但
这绝不会发生在 2033 年之前。

麻省理工学院的研究结果

2014 年 10 月，麻省理工学院奥利维尔·德·韦克（Olivier
de Weck）教授领导的研究团队在多伦多举行的国际宇航大会
上发表了关于火星一号任务生命支持系统的研究报告[①]，引起
了专家和美国媒体的极大兴趣，而且他们得出了与我相似的
结论。根据火星一号计划，所有食物都将在火星上种植：豆子、
生菜、花生、西红柿和大米。根据国际空间站宇航员的数据（他
们每天需要 3040 卡路里），韦克教授领导的研究团队计算出
火星定居者不是需要火星一号估计的 50 平方米，而是需要大
约 200 平方米的温室来提供全食宿。这种生物再生生命支持
系统，宇航员也将生活在其中，可以快速地产生大量氧气。
虽然人类也可以在远超平常含氧量 21% 的空气中呼吸，但是，

---

① 火星一号计划的技术可行性独立评估：http://bit.ly/1vUOSVg。

氧气只增加哪怕几个百分点，火灾的风险也会急剧增加。由于这些额外的氧气不容易被分离出，为了确保正常的大气，每份额外的氧气必须加入 4 份氮气。不断增长的空气量将不得不被吹到外面。据麻省理工学院研究团队的估计，这将在 68 天后，也就是两个月多一点的时间，耗尽氮气供应。

此外，麻省理工学院研究团队还表明，6 次预备性飞行是不够的。由于需要更大的温室及技术，预备性飞行次数需要提升至 15 次，于是仅这一准备性任务阶段的费用就从 20 亿美元增加到了 45 亿美元。并且随着每两年新的先驱者飞往火星，逐渐形成殖民地，对备件和工具的需求也会随之增加。麻省理工学院的科学家们计算出，在 130 个月后，即 6 次载人火星飞行之后，补充需求将达到有效载荷的 62%。维护殖民地的需要最终会击垮现有的空间和重量。对此，一种解决办法是进行额外的补给飞行，然而，这将进一步增加每年的任务成本。因此，缓慢但确定的是，火星一号会逐年变得越来越昂贵。具有讽刺意味的是，根据这项研究，只有取消整个生物再生生命支持系统，只依靠一个完全由地球提供的更简单的物理化学系统，才能大幅减少成本。这不仅与长期自主殖民地的想法相矛盾，而且如果补给飞行被取消，例如因为宇宙飞船在登陆火星时坠毁，殖民者可以使用火柴。

如何筹措这方面的资金?

火星一号每年的费用（包括研发、飞行任务和运行费用）
预计在 4 亿美元左右。火星一号通过真人秀节目的广播费来
赚取这笔钱。参考上届巴西世界杯国际足联从德国人那里收
取的约 2 亿美元的转播费。火星一号只有在成为一个巨大的
世界性《老大哥》①的情况下才能发挥作用——而且要做几十
年，不断增加收入。但是，如果像其他《老大哥》系列一样，
观众的兴趣在几年后减弱，那么火星上的殖民者就会真的山
穷水尽。

但是，人们还是可以用一种适合的媒体方式来进行推销
的。我想，正是在这样的时刻，当火星上的定居者与死亡作
斗争时，他们才会取得特别高的收视率。

一切自有其局限性

这正是我反对火星一号任务的原因。虽然我坚信每个人
都可以过他们想要的生活，但是人们所做之事应该是经过风

---

① 1999 年诞生于荷兰且红遍全球的社会实验类真人秀节目《老大哥》。——译
者注

险计算的，也就是说，必须让所有的人都知道事情的风险，特别是那些殖民者。正如美国国家航空航天局会向每一位宇航员清楚地说明，每 100 个航天飞行案例中就有一个可能是致命的，而我和我的每一位同事都是清楚地接受了这种风险。火星一号基金会也应当告知其候选人真正的生存机会究竟有多大。通过与一些火星一号候选人的交谈，我了解到他们根本不知道自己在那里会发生什么。他们盲目地痴迷于成为火星上的首批殖民者，载入吉尼斯世界纪录，这让他们对那里可能发生的危险的事情视而不见。他们中没有一个人想要与我面对面地进行交流。如果他们不知道，也不想知道，他们会遭遇些什么，而火星一号基金会也不（有意识地？）明确告知他们，他们如何能真诚地做出决定呢？

媒体对这一切都漠不关心。他们只会坚持下去。抱歉，哗众取宠和窥淫癖都是有道德底线的。对于我们的社会来说，最迟在这里，对我来说，在想到火星一号时就已经产生了道德底线。

美国国家航空航天局的火星计划——
从阿波罗计划到今天的起起伏伏

几十年来，美国国家航空航天局的抽屉里一直都有载人火星任务的计划。但是，出于政治原因，该计划到目前为止没有任何结果。

"美国国家航空航天局正在着手进行火星之旅。为了在21世纪30年代将美国人送往红色星球，我们就计划、战略和时间表达成了新的共识。"美国国家航空航天局副局长罗伯特·莱特福特（Robert Lightfoot，即美国国家航空航天局排名第二的人物）在2016年2月1日《太空新闻》杂志的一篇文章中说道。

美国人火星愿景的历史

美国国家航空航天局最近似乎对火星载人飞行又变得认真了。情况却并非一直如此。在 20 世纪 70 年代初最后一次阿波罗登月飞行之后，美国登月任务之父沃纳·冯·布劳恩（Wernher von Braun）赶到华盛顿，说服政府确定了下一个目标——火星，因为对于冯·布劳恩来说，月球始终只是通往火星的一个中转站。但是冯·布劳恩惨遭失败，因为美国人最终是想看到他们的太空投资有实际的应用，所以他们宁愿建造航天飞机也不飞往火星。

1989 年 7 月 20 日，在阿波罗 11 号登月 20 周年之际，时任美国总统乔治·H.W. 布什宣布了他的太空探索计划（Space Exploration Initiative Plan，简称 SEI）。根据这个计划，他们将建造一个名为自由（Freedom）的空间站。此外，人类将再次飞往月球，停在那里，然后飞往火星。空间站现已经建成。它之所以改名为国际空间站，只是因为经历了经济改革的俄罗斯在 1993 年也想加入进来。其余的计划则被后来的美国国家航空航天局局长丹尼尔·戈尔丁（Daniel Goldin）搁置了。

1989 年由莱斯·博西纳斯绘制的登陆火星的艺术化视图。（图片来源：
美国国家航空航天局 / 公共领域）

有其父必有其子

2003 年，潮流再次转向有利于火星。2003 年 2 月 1 日，
当哥伦比亚号航天飞机在重返大气层过程中烧毁时，美国人
问自己，在阿波罗计划之后的几十年里，他们到底在做些什么？
仅仅带着空间站做绕地飞行并不符合他们作为太空先锋的自
我形象。时任总统乔治·W. 布什，即上述乔治·H. W. 布什的
儿子，继承了他父亲的计划，于 2004 年 1 月 14 日宣布了他
的更新的发现精神（Renewed Spirit of Discovery），其后被
正式命名为空间探索愿景（Vision for Space Exploration，
简称 VSE）。根据该愿景，美国人将不再投资航天飞机，而是

把钱投到火箭上，把美国带回月球，从那里深入到太阳系内部，特别是到火星上去。新的火箭系统被称为星座计划，由美国国家航空航天局从 2005 年开始研发。

与奥巴马一起冬眠

2010 年，新任美国总统巴拉克·奥巴马让人们知道，他对月球不感兴趣，因为我们以前去过那里，并且他让奥古斯丁委员会在美国国家航空航天局很小的预算基础上审查小布什的空间探索愿景计划。该委员会认为，在如此少的预算下，空间探索愿景计划实际上不会获得成功。这对奥巴马来说来得正是时候，因为他原本就想废除整个空间探索愿景计划。只是在不情愿的情况下，他才不得不接受对重型火箭和返回舱的进一步研发，因为与航天工业签订了合同，是长期确定的事情。但是，奥巴马对火箭加太空舱旅程的去向未作公开说明。没有一个真正的目标，美国国家航空航天局进入了一种冬眠的状态。

　　奥巴马对太空旅行根本不感兴趣。但是 2017 年会有新的总统就任，而美国国家航空航天局的希望都寄托在了新任总统的身上。因此，早在 2015 年 10 月美国国家航空航天局就已经迫不及待地公布了他们新的火星计划："火星之旅"①。

一切都围绕着技术就绪水平

　　火星之旅的关键在于前面提到过的技术就绪水平（TRL），即投入使用时已知技术的成熟程度。虽然火星任务的所有技术都是已知的，但是它们还没有成熟到可以让人完全依赖的地步。对于火星任务来说，技术就绪水平至少要达到 8 级。然而直到今天，一些系统，例如火星上的生命支持系统，其

---

① 火星之旅：http://go.nasa.gov/1LCzhEn。

技术就绪水平为 4 ～ 5 级。正如前文所述，如果你带着这样的技术就绪水平飞行，必死无疑。这就是为什么许多太空工程师（包括我自己在内）都认为 21 世纪 20 年代的"火星一号"任务是疯狂的，除非宇航员打算在真人秀节目中自杀。

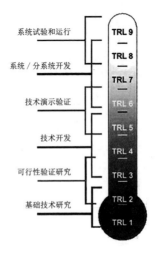

美国国家航空航天局评估空间技术成熟度的技术就绪水平量表

　　如何让技术达到 8 级？这正是美国国家航空航天局最新的火星计划内容。现在就让我们来仔细地研究一下。

您应该记下 2048 年 8 月 2 日，因为……

美国国家航空航天局已经公布了载人飞往火星的具体计划。预计在 21 世纪 30 年代施行。而我，则把赌注押在 2048 年 8 月 2 日——为何会具体到这一天？

美国国家航空航天局正处于载人火星任务的起步阶段，并在研究报告《火星之旅》中公布了这些任务。任务的首要目标是确保宇航员们安全返回地球。对此，美国国家航空航天局设定的目标是 1∶75，也就是说 75 次飞行中只能有一次致命的飞行。如何才能实现这种相对较高的可靠性？至少需要具有 8 级的技术就绪水平。然而今天，火星技术在许多领域的技术就绪水平只有 5～7 级。如何使技术达到 8 级呢？首先，人们需要花费大量的时间前往可以安全测试技术的地点执行任务。这也是为什么美国国家航空航天局将 21 世纪 30 年代首次飞往火星的时间划分为三个阶段。

新火星计划的三个阶段

第一阶段，即近地空间的依赖地球探索阶段（Earth Reliant Exploration Phase），主要是在国际空间站上进行初次技术测试。由于国际空间站是自主的，因此是一个"安全港"，不怕出现问题。只有在这个阶段消除了错误，才能将新技术的技术就绪水平提升到6级。

美国国家航空航天局的"火星之旅"，载人火星任务分为三个阶段。（图片来源：美国国家航空航天局）

在此之后是深空试验场阶段（Proving Ground Phase）。在这个阶段，美国国家航空航天局希望将这些技术用于地月空间的复杂操作。地月空间（Cislunar）是指到月球为止以及月球周围的紧邻区域。地月空间的区域好处极大，人们可以在两到三天内飞到那里；如果发生了意外，也可以很快返回地球。一个颇受欢迎的目标是小行星重定向任务（Asteroid Redirect Mission，简称ARM），亦即在远离月球的某个地方收集一颗直径约10米的小行星，并把它带到月球附近。在那里，工作人员会"降落"到小行星上并对其进行检查。然而，无论是民众还是科学家，对这样一项任务的热情都很有限。因此，我怀疑这是否真的会发生。

美国国家航空航天局原位资源利用（ISRU）实验设备"飞行员"（PILOT），用于从月球风化层中提取氧气。（图片来源：美国国家航空航天局）

更有趣的是月球上的原位资源利用（In-Situ Resource Utilization，简称 ISRU）。顾名思义，原位资源利用说的是利用天体上的资源，尽可能多地满足现场的需求。例如，月球上的风化层可以用来建造防辐射的栖息地，或者用于提取呼吸用的氧气。月球也将是最终验证火星站核心技术的完美场所，生物再生生命支持系统[①]，即或多或少自成一体的生物系统，在其中新的食物是由生物废料生产出来的。然而，20世纪 90 年代生物圈 2 号（*Biosphere 2*）生态系统的失败已经表明，这是极其困难的。在火星上，人们还可以利用大气层中的二氧化碳和地表下面的水，通过萨巴捷反应生产甲烷作为回程飞行的燃料。

严阵以待：第三阶段

第三阶段，即独立于地球阶段（Earth Independent Activity Phase），将深入到太空。首先是火星的卫星，低重力使得人们在那里降落和再次起飞都非常容易，不需要太费力气。但问题是，路程需要 650 天的时间，在此期间人们

---

① 美国国家航空航天局科学新闻：绿叶宇航员，参见 http://go.nasa.gov/2c9cJ18。

必须自主生活。只有掌握了这些，人们才能在最后的任务中登陆火星并返回地球。

这些任务可分为两部分。首先是无人飞行任务，在火星着陆并使用原位资源利用为返程飞行制造燃料。这样的无人飞行任务将使用省油的电力驱动器，任务虽然更便宜，但时间也更长：飞往火星将需要多年的时间。不能指望宇航员能做到这一点。他们的航天飞行器以经典的化学推进为基础，在快速的霍曼转移中只需要大约 200 天就能到达火星（如下页图所示）。然而，宇航员将不得不在那里度过几乎整整 520 天，直到火星和地球再次处于相同的位置。然后，他们的回程飞行同样需要大约 200 天的时间。如此一来，整个载人任务将需要 920 天，即约 2.5 年的时间。

除了下降到火星表面之外，火星任务中最棘手的可能就是重返地球轨道了。在返回地球时，太空舱将拥有每小时 50000 千米的巨大速度，并且只能通过非常复杂和漫长的操作来减缓速度。宇航员需要相当强大的神经来完成这个任务。

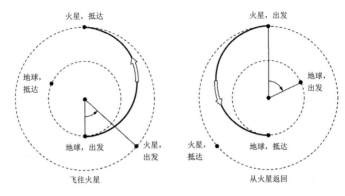

飞往月球（左）和从火星返回（右）时，霍曼转移中地球和火星必要的出发位置（带箭头的角度）。（图片来源：乌尔里希·沃尔特）

我们究竟何时飞往火星？

经常有人问我，人类何时会踏上火星？我的猜测是2048年8月2日。为什么我会知道得这么确切？因为人们不能直接飞向火星，当航天器斜向穿过火星轨道时，会处于交汇处。人们需要一个特定的地球、火星位置来出发，而这个位置每2.14年才会出现一次。由于火星轨道略微椭圆，每15年的过渡轨道特别短，因此在能量和时间方面极为有利。这对载人飞行任务来说相当重要，因为每一公斤载重都很重要。下一个理想的出发日期是2018年5月18日，接着是2033年

4 月 30 日。如前所述，我个人认为到那时美国人还不会成功。但是，接下来的 2048 年 4 月 11 日，我相信到那时我们将拥有技术就绪水平 8 ~ 9 级。如果一切顺利，首批人类将在经历 114 个飞行日后于 2048 年 8 月 2 日登陆火星。所以，您应该记下这个日子。

一位宇航员对《火星救援》的看法

继《地心引力》和《星际穿越》之后，另一部科幻大片《火星救援》上映了。我们应该如何看待它？以下是一位宇航员的看法。

我妻子在看完电影《火星救援》后说，你不需要再去看了。我说，错过的话有些可惜。《火星救援》是一部典型的男性电影。影片中有大量的科学技术，但是没有感情关系。全片只有一个告别吻，还是在宇航员的头盔上。但是影片里有宏大、广袤的 3D 火星风景。故事也很简单。由于火星沙尘暴，不得不中止火星任务。宇航员兼主人公马克·沃特尼（Mark Watney）在沙尘暴中发生了意外，同事们认为马克已经死了，于是在没有马克的情况下飞回了地球。与此同时，马克独自在火星上闯荡。美国国家航空航天局得知此事后，开始与时间赛跑，以拯救马克。当然，在美国国家航空航天局大量的行动和中国国家航天局的合作下，最终惊险万分地成功营救出了马克。可以说《火星救援》是《鲁滨孙漂流记》《阿波罗

13 号》和《地心引力》三者的混合体，但是比这三者加起来还
要更好些。

与《阿波罗 13 号》和《地心引力》比较

《阿波罗 13 号》源自真实的故事，因而闪闪发光。每一
个开关，每一处细节，无论多么细微，都和现实中一样。甚
至失重场景也是在真实的失重状态下拍摄的（美国国家航空
航天局的抛物线飞机）。你可以看出，这些都是真实的状况。
1995 年，当我看完《阿波罗 13 号》放映后离开电影院时，一
位父亲带着他 6 岁的儿子走在我的前面。父亲问儿子："嗯，
你觉得这部电影怎么样？"小男孩说："爸爸，电影很棒！
想象一下，可能真是这样的！"当时我很清楚，整整几代儿
童和年轻人都没有经历过人类的高潮了。对于他们来说，美
国国家航空航天局的登月飞行是纯粹的科幻小说。

《地心引力》做得很好。从近地轨道上看，电影中的景
象与现实中的景象完全一致。失重现象通过一种名为 IRIS 非
常复杂的技术也得到了完美的再现。但是，这个故事没有说
服力，有时令人毛骨悚然：从有缺陷的航天飞机上漂移到国
际空间站，而国际空间站就在眼前。诸如此类。然后穿着航

天服，转瞬就从国际空间站飞到了拯救生命的中国空间站，
而在这个充满汉字字符的空间站内，西方宇航员可以像在国
际空间站和航天飞机里一样轻松地操作。

《火星救援》作弊的地方

　　《火星救援》也有与现实不一致的地方。火星上的沙尘暴
最多只能使一张纸轻微地翻动，因为火星上的大气压力还不到
地球的百分之一。宇航员可能只会感觉到火星上的风压。然而，
在《火星救援》中，马克·沃特尼被沙尘暴中抛出的金属舱口
盖砸中。结果他在该处飞出了 60 米，然后落到了一根天线上，
天线穿过航天服深深地扎进他的肚子里。由于所有航天服的氧
分压都是 30 千帕（肺部需要 21 千帕 = 我们大气中 21% 的氧含
量加上一些余量），因此与火星大气层相比，超压 30 千帕，
由于穿刺造成的内部压力会迅速下降到约 14 千帕的生命关键
极限以下。在火星上持续数天的沙尘暴中，马克·沃特尼不会
有生存的机会。而在影片中，马克在沙尘暴过后醒来，平静地
走到车站，把天线从身体里拔了出来。此外，还有美丽的火星
地平线全景，在那里他看到了云和龙卷风。火星上的云？这看
起来很酷，但火星大气中没有湿度，因此基本上是不会有云的。

尘埃，宇航员的敌人

　　火星尘埃，是火星和月球上的主要敌人之一。它们细如砂纸，慢慢地摩擦着太空服（见下图）。但是，在《火星救援》中，马克的西装（看起来很酷！）总是一尘不染。穿着这样的衣服进入生活区是被严格禁止的，因为细小的、带静电的灰尘会粘在所有的东西上，而在电中和时也会被溶解。尘埃会在生活区的空气中慢慢氧化，根据阿波罗 17 号宇航员吉恩·塞尔南（Grene Cernan）的说法，闻起来像是烧焦的火药。但在影片中，马克从外面穿过压力闸进入生活区，然后又走了出来，好像什么都没有发生过。

细小的月球尘埃像砂纸一样迅速覆盖整个航天服。脱掉航天服后，灰尘还是会粘在身体上，如右图的吉恩·塞尔南（阿波罗 17 号）。航天服总是有一个金色的面罩（左图），以防止危险的紫外线辐射。（图片来源：美国国家航空航天局 / 杰克·施密特）

其他不一致的地方

按理说，马克应该是跳着走的，因为火星上的重力只有地球上的 38%。但在影片里不是这样的。马克穿着航天服在外面走动，在火星站里则穿着便服，和在地球上一样笨拙。当然，我意识到，要重现这种 38% 的火星重力，在演播室里需要做大量的工作。除非所有的东西加上人都悬挂在绳子上，并且都向水平方向倾斜 68°，才能实现这个效果。

刮沙尘暴时，电影院的扩音器轰鸣作响。但实际上，音量应该再低上一百倍，因为相应的密度低。在 0 帕的真空中，人们压根听不到任何声音。此外，音高与空气密度无关。吸入氦气后听到的音调较高（像是米老鼠的声音），与氦气在喉部的声速高出三倍有关，这就是为什么在那里会形成较高的音调。

火星和地球之间的无线电信号传输需要 3 分钟至 22 分钟，这取决于两颗行星之间的位置。因此，人们需要等待 6 分钟至 44 分钟才能得到答复。但在影片中，似乎总是即刻就得到了答复。太空服的头盔面罩始终是金色的镜面，以保护眼睛免受危险的紫外线辐射（见 261 页图）。在太空电影中，人们不得不忽略这一点，否则就看不到演员们昂贵的脸了。在

《地心引力》中是这样，在《火星救援》中也是这样。好吧，过去的就让它过去吧。

够了，别再吹毛求疵了

除了这些以及其他一些细节之外，作家安迪·威尔（Andy Weir），一位美国软件工程师，实际上做了很好的研究和一流的技术工作。在书中，关于要种植多少土豆以及氢气与氧气燃烧后得到多少水（留下的燃料）的数学计算太多了，甚至失去了控制，让我不得不放弃阅读原著。相较而言，还是电影更好看些。影片中偶尔会出现一两个计算，引起人们的注意，这就够了。电影中不需要更多的计算了。

演员马特·达蒙（Mato Damon）扮演的马克·沃特尼简直完美。实际上，对我来说，他仍然是《十一罗汉》中的那个小喽啰。男人们都喜欢他，因为他不是一个很帅的人，但很潇洒，在并不总是严肃的场景中，调皮的笑脸非常符合这个角色，甚至女人的心也会因此变得柔软。

太空不合作

　　我忍不住要转载《南德意志报》[①]中亚历克斯·吕勒（Alex Rühle）对该片的评论："如果你对天体物理学和星际农业文化感兴趣，那么你一定要看看这部电影。如果你对讽刺有着丰富的理解，那么你可能会喜欢超级明星谈论引力能（写作 gravitationelle Energie）和各种推进技术的优缺点。但是，如果你喜欢宇宙作为一种极端的存在，那么你最好……在夜晚眺望一下星空。与135分钟的火星节目相比，你会得到更强的太空感。"根本就不应该让文学家来评论这样的电影。这是对自己的无知有多么的迷恋啊！首先，"引力能"不是 "gravitationelle Energie"，而是"Gravitationsenergie"，或者最多称其为"gravitative Energie"。其次，专栏作家，特别是文学作家，除非他们自己去过太空，否则对太空中存在的极端状况根本就一无所知。马克·沃特尼在火星上为生存而奋斗，他的脖子上沾满了泥巴。"是太空不合作"，他会在影片结束时说，而且他说得非常正确。

　　从一个宇航员和科学家的角度来看：《火星救援》这部

---

① 2015年10月7日刊，专题版，第11页。

电影在技术上也许并不完美，并且充斥着陈词滥调，但是如果你偶尔睁一只眼闭一只眼，尽管（也许是因为）缺乏典型的美国式的砰砰声，在我看来，它还是制作得很好的，这是迄今为止最好的太空电影了。

冥王星的神奇世界

2015 年 7 月，新视野号（*New Horizons*）探测器飞掠冥王星，得出了关于冥王星及其卫星的有趣的新结果。

2015 年 7 月 14 日，美国新视野号探测器飞掠冥王星，引起了一时的轰动。但在那之后，媒体对冥王星这颗位于太阳系边缘的矮行星一直保持沉默。这是错误的，因为新视野号从那时起就一直在不断发回高分辨率的飞掠图像。但是，由于距离地球很远，大约有 52 亿千米，信号强度非常弱，信息以每秒 1 千比特的速度非常缓慢地"滴入"。因此，新视野号的全部数据资料要到 2016 年 9 月才能传送到地球上。我们大约每两个月会收到一张高分辨率的图像，所有这些图像都可以在美国国家航空航天局网站①上看到。

---

① 美国国家航空航天局：新视野号图片库，参见 http://go.nasa.gov/1HsCYXW。

我们太阳系的构造

冥王星是我们太阳系原始时代的一种遗迹，位于遥远的外太空区域，对于了解太阳系的形成来说很有意义，但是人们几乎无法进入其内。

我们的太阳系自内向外由三个不同的区域组成。内部区域包含类似地球的行星，有水星、金星、地球和火星。它们大多由地核中的铁和地幔中的岩石——硅酸盐和氧化物——构成。这些行星在46亿年前从我们太阳系原始云的尘埃中收集了这些材料。地球也很幸运地保留了它最初的水，形成了今天的海洋。

在第二个区域，更远的地方是大型气体行星：木星、土星、天王星和海王星。顾名思义，它们主要由气体构成，97%以上是氢气和氦气，只有一个很小的固体核心。人们甚至不能在它们的表面着陆或者站立，因此对它们进行载人飞行任务几乎没有任何意义。它们的气体是在46亿年前形成太阳时没有被吸收的残余物。

冥王星为何如此有趣?

在海王星之外，一切开始变得模糊和混乱。在我们的太阳系诞生之时，由于距离中心很远，海王星那里只有很少的尘埃，因而只能够形成混有水冰的小块岩石（水是宇宙中最常见的化合物），它们通过相互碰撞成长为小行星（矮行星）。之后，这块太空区域被扫荡一空，或者这些块状物之间的碰撞概率非常小，以至于它们无法通过相互碰撞进一步增长。自那时起，这些行星系统诞生的遗迹，包括冥王星，一直作为柯伊伯带天体（Kuiper Belt Objects，简称KBOs）在海王星之外运行，部分轨道非常混乱。

直到今天，冥王星，就像外面的其他小行星和彗星一样，一直被想象成一个巨大的肮脏的冰球，有很多的深坑，由许多亿年前的大碰撞形成，就像火星和木星之间的小行星带中的矮行星谷神星，只不过冥王星上有更多的冰。行星科学家们想要飞往冥王星，以了解更多关于这些开端的情况。但是，他们发现的情况与设想的全然不同。

意料之外的冥王星

冥王星更像是一个直径为 2370 千米的漂亮的圆形冰球。所谓的斯普特尼克平原（Sputnik-Planum）地区，是著名的"冥王星之心"，汤博地区（Tombaugh-Region）则非常平坦。这些冰不是水冰，至少冥王星表面上的冰不是水冰，而是氮冰，看起来和雪一样的白。氮气在 -210℃时会凝固，但是在冥王星上普遍存在的 -240°至 -218℃的温度下，氮气并不完全固定，很容易就会流动。在图 1 中可以非常清楚地看到这些流动结构，这是一个极大的惊喜。此外，也可以看到多角形的冰格，典型的动态自组织冰结构，这个在地球上也有，例如在泰加林带 [①]。

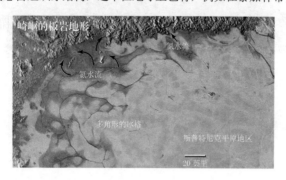

图 1：斯普特尼克平原地区边缘的氮冰流动结构，该区域又是心形汤博地区的一部分。（图片来源：美国国家航空航天局）

---

① 即地球中高纬度地区的亚寒带针叶林。——译者注

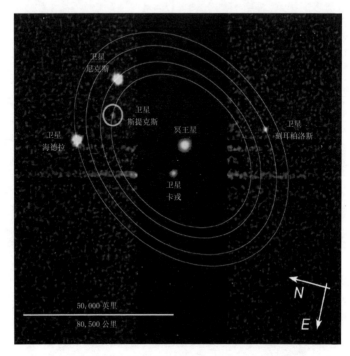

图 2：冥王星的卫星卡戎、尼克斯、海德拉、刻耳柏洛斯和斯提克斯。[图片来源：美国国家航空航天局、欧洲空间局以及 L. 弗拉塔托（空间望远镜研究所）]

图 3：地球、冥王星（红色）以及卡戎的大小比例。（图片来源：美国国家航空航天局）

完美的编舞

同样令人惊讶的还有冥王星的许多卫星：卡戎、尼克斯、海德拉、刻耳柏洛斯和斯提克斯（见图2）。如果把冥王星和直径只有冥王星一半大小的卡戎（见图3）看成一个有四个卫

星的双矮行星系统，就可以更好地理解所有天体相互之间的
轨道运动。冥王星和卡戎围绕一个共同的重心相对靠近地运
行，该重心位于冥王星之外（见图4）。这与地球和月球相似，
只不过这里的共同重心仍在地球的内部。但是，就像月球在
围绕地球运行时总是将同一面朝向地球（我们只看到月球的
一面），冥王星和卡戎也总是将同一面朝向对方。这种和谐的、
编排好的运动被称为潮汐锁定（Tidal locking）。

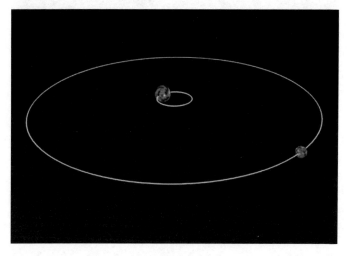

图4：冥王星（中间）和卡戎围绕一个共同的重心相对靠近地运行。（图
片来源：斯蒂芬妮·胡佛／知识共享组织1.0）

通常情况下，在这样的双星系统中其他较小卫星的运动都是不稳定的。它们最终会因引力而被甩出双星系统，除非它们设法使其轨道周期同步。这正是尼克斯、海德拉、刻耳柏洛斯和斯提克斯等卫星所做的事。它们的轨道周期与冥王星与卡戎的轨道周期同步，比例为3：4：5：6。

巧合与必然

六个天体的运动如此精妙，纯属偶然？当然不是。据推测，在太阳系形成时，首先是冥王星和卡戎相互碰撞，释放出能量，耦合成了一个双系统，就像地球和月球的诞生一样。后来与小块星体的随机碰撞捕获了更多的卫星，其中一些卫星被再次甩出（使得冥王星和卡戎更加接近），而其他的小块星体最初还是有大概正确的轨道周期的，但却被冥王星和卡戎的潮汐力进一步推入其共振周期内。

作为一名科学家，看到少数运动模式是如何从几乎无限多的可能运动的混乱中出现的（这里是通过潮汐锁定的协同运动），然后又在许多其他地方观察到了这种运动模式，例如在我们的地月系统中，真是棒极了。我们一旦理解了宇宙，宇宙就有了意义。

提示

　　如果您想要了解更多关于本书主题的内容，您可以在ServusTV 网页上观看我带有字幕的讲座。

　　宇宙之旅：http://win.gs/2dd7qLr

　　从宇宙大爆炸（宇宙起源学说）到世界末日：http://win.gs/2cwj6YZ

　　宇宙背景辐射：http://win.gs/2ddRfAW

　　星系和行星系统的形成：http://win.gs/2d3tvPz

　　恒星演化：http://win.gs/2dwc009

　　超新星＆黑洞：http://win.gs/2dm7oSg

　　标准模型＆弦理论：http://win.gs/2dda0kk

　　理论宇宙学：http://win.gs/2dtDbkJ

　　我们在宇宙中是孤独的吗？：http://win.gs/2dm7nxE

此外，我还推荐以下书籍：

Walter U., *Zivilisationen im All - Sind wir allein im Universum?*, Spektrum Akademischer Verlag, 1999, ISBN 382740486X, in Paperback erschienen als Außerirdische und Astronauten, *Spektrum Akadem. Verlag*, 2001, ISBN 3827411769.

Ward P. D. and Brownlee, *Rare Earth - Why Complex Life Is Uncommon in the Universe*, Copernicus/Springer-Verlag, N. Y., 2000, ISBN 0387987010.

作者简介

乌尔里希·沃尔特
物理学家、科研宇航员、大学教授、名誉教授、
计算机科学教授、理学博士、名誉博士

乌尔里希·沃尔特，1954年生，德国精英大学——慕尼黑工业大学空间技术系教授。

沃尔特先生在科隆大学取得物理学相关学位后，又在芝加哥的美国阿贡国家实验室工作了一年，随后在加州大学伯克利分校做了一年博士后，于1987年被任命为德国航天队成员，并分别在科隆波尔茨的德国宇航中心（Deutsches Zentrum für Luft-und Raumf ahrt，简称DLR）和休斯敦的美国国家航空航天局航天中心接受培训，一直到1993年4月26日至5月6日期间执行D-2号航天飞机任务。

　　1994 年，沃尔特先生到位于慕尼黑附近奥伯法芬霍芬的 DLR 德国遥感数据中心，担任大型项目"德国卫星数据档案"的项目负责人。1998 年，沃尔特先生加入位于德国伯布林根的 IBM[①] 开发实验室，担任项目经理和首席顾问，并负责 IBM 软件产品的开发和咨询。

　　自 2003 年 3 月起，沃尔特先生担任慕尼黑工业大学空间技术系主任，从事应用空间技术和系统工程领域的教学和研究工作。同时他还从事系统工程的研究和教学，作为该领域的一名资深项目经理，沃尔特先生为世界各地的公司提供咨询，特别是在质量和风险管理领域。

　　沃尔特先生著有 7 本书，其中包括讲述他执行航天飞行任务的插图书《90 分钟环游地球》，以及《明镜》周刊非小说类畅销书《疯狂的物理世界》《黑洞中的魔鬼》《穿越地狱》等。此外，沃尔特先生不仅在国际期刊上发表了 100 多篇学术论文，更是航天报道评论员。2013 年至 2016 年，他在 *N24. de*〔现在的德国《世界报》（*Welt. de*）〕上撰写每周专栏。1998 年至 2003 年，他在巴伐利亚电视台主持科学节目 *MaxQ*，2011 年至 2012 年主持《跟乌尔里希·沃尔特一起漫步宇宙》（*Unterwegs*

---

① IBM：国际商业机器公司或万国商业机器公司（International Business Machines Corporation），经营范围涵盖信息技术和业务解决方案。——译者注

durchs All mit Ulrich Walter）以及国家地理频道的各种特别节目。2013 年，沃尔特先生在 ServusTV 主持节目《哈勃的宇宙探秘之旅》（*Hubble Mission Universum*）。自 2016 年 9 月起，在德国世界频道晚间节目中主持系列科普纪录片《时空》（*Spacetimes*）。

　　除此之外，乌尔里希·沃尔特先生还是：

中国西安市西北工业大学客座教授

德国联邦十字勋章获得者

沃纳·冯·布劳恩金奖获得者

巴伐利亚勋章获得者

巴伐利亚伦理委员会成员

德国福伊希特赫尔曼 – 奥伯斯博物院院长

德意志博物馆管理委员会成员

德国路德维希堡乌尔里希 – 沃尔特同名学校赞助商

MINTa 行动计划宣传大使

　　2008 年，沃尔特当选德国年度工程学和计算机科学类教授。

---

①　MINT 一词是数学（Mathematik）、计算机科学（Informatik）、自然科学（Naturwissenschaften）以及技术（Technik）四大专业方向的德语词缩写，相当于英语系国家的"STEM"学科，对应我国"理工类"学科。德国"MINT 行动计划"旨在夯实德国理工科类人才培养基础，持续改善德国社会 MINT 专业人才短缺问题。——译者注

出 品 人：许　永
出版统筹：林园林
责任编辑：吴福顺
助理编辑：周嘉华
装帧设计：石　英
内文制作：张晓琳
印制总监：蒋　波
发行总监：田峰峥

发　　行：北京创美汇品图书有限公司
发行热线：010-59799930
投稿信箱：cmsdbj@163.com

创美工厂
官方微博

创美工厂
微信公众号

小美读书会
公众号

小美读书会
读者群